区域水环境第三方治理（PPP模式）实施机制研究

孙凤华　马东春　于宗绪　范秀娟　王军红 等　编著

科 学 出 版 社

北　京

内 容 简 介

区域水环境第三方治理（PPP 模式）是将 PPP 融入区域水环境治理的过程中的一种制度创新。本书通过分析 PPP 模式相关政策情况、国内外典型案例及经验，剖析区域水环境治理 PPP 项目实施中存在的问题，研究区域水环境治理 PPP 模式的实施机制，并进行实证分析，为区域水环境治理项目实施提供决策依据和技术支撑。

本书可作为水环境、水资源、水利工程等高校科研人员的参考用书，也可供水环境治理、公共管理等方面的决策制定者、政府管理人员和企业人士参考阅读。

图书在版编目(CIP)数据

区域水环境第三方治理（PPP 模式）实施机制研究/孙凤华等编著．—北京：科学出版社，2022. 9

ISBN 978-7-03-072933-0

Ⅰ．①区…　Ⅱ．①孙…　Ⅲ．①水污染防治-研究　Ⅳ．①X520. 6

中国版本图书馆 CIP 数据核字（2022）第 152589 号

责任编辑：李晓娟／责任校对：樊雅琼

责任印制：吴兆东／封面设计：无极书装

科学出版社出版

北京东黄城根北街 16 号

邮政编码：100717

http://www.sciencep.com

北京建宏印刷有限公司 印刷

科学出版社发行　各地新华书店经销

*

2022 年 9 月第　一　版　开本：720×1000　1/16

2023 年 6 月第二次印刷　印张：12 1/4

字数：250 000

定价：168. 00 元

（如有印装质量问题，我社负责调换）

《区域水环境第三方治理（PPP模式）
实施机制研究》编委会

编著人员 孙凤华 马东春 于宗绪 范秀娟 王军红
黄俊雄 夏旭江 杨佳明 王凤岐 张小侠
于　磊 陈建刚 韩　丽 刘振锋 郝少魁
赵　元 高振宇 张　健 邹海云 李　煜
邱彦昭 尤　洋 韩中华 孙桂珍 唐摇影
蔡　玉 王凤春 汪元元 居　江

前　言

水环境治理问题，是目前世界范围内广泛关注的热点问题之一。在实现我国经济总量不断增长的现实下，我国生态环境状态遭遇前所未有的挑战。由于我国水资源分布不均、人均占有量低于世界水平，为继续实现城镇化，水环境保护和发展得到了重视，特别是通过制度创新解决水环境问题成为重要的解决方案。创新者进，不新则退。区域水环境第三方治理（PPP 模式）就是将 PPP 融入区域水环境治理的过程中的一种制度创新。

本书是在“十三五”国家水专项“北京城市副中心高品质水生态建设综合示范项目”（2017ZX07103）下属第 7 课题的子研究成果基础上，经进一步完善形成。研究以国家和省市关于 PPP 模式参与工程建设及水环境治理项目的相关政策和现实需求为导向，开展了水环境治理的 PPP 模式绩效评价和政策研究。立足水环境治理（PPP 模式）项目全生命周期，针对问题，构建了水环境（PPP 模式）项目绩效评价指标体系，以第三方评价为主体，引入多目标决策中的“AHP 法和模糊综合评价法”的评价方法，创建了“项目权重+专家问卷+综合评价+多项目对比”的评价模式，研发了“城市水环境治理 PPP 模式绩效评价方法”。

为了使读者对区域水环境治理 PPP 模式有更全面深刻的认识，我们梳理分析了 PPP 模式相关政策情况、国内外典型案例及经验，在此基础上通过研究剖析区域水环境治理 PPP 项目实施中存在的问题，重点研究区域水环境治理 PPP 模式的实施机制，并进行了实证分析，提出了解决方案。本书由多位作者编写。第 1 章、第 2 章由于宗绪编写，第 3 章由夏旭江编写，第 4 章由王军红编写，第 5 章由杨佳明编写，第 6 章由马东春、于宗绪编写，第 7 章由范秀娟、于宗绪编写。全书由马东春统稿，孙凤华审定。

本书得到北京市水务局、北京市通州区水务局、北京市工程咨询有限公司、北京市北运河管理处、水利部发展研究中心、中国国际工程咨询有限公司、中国社会科学院数量经济与技术经济研究所、德恒律师事务所等相关领导、专家及工作人员的大力指导、帮助和支持，同时借鉴了多位专家和学者已有的研究成果，在此我们一并表示诚挚的感谢，也特别感谢科学出版社的编辑们精益求精、细致入微的科学态度和为本书付出的辛勤工作。

由于时间和编著者水平有限，书中难免存在一些不足和问题，在此恳请读者和专家批评指正，不吝赐教。

编著者
2022 年 8 月

目　录

第1章 PPP模式概述

1.1 PPP的定义

PPP即公共私营合作制（public private partnership），又称政府和社会资本合作模式。PPP有广义和狭义之分，广义的PPP泛指公共部门与私人部门为提供公共产品或服务而建立的各种合作关系，而狭义的PPP可以理解为一系列项目开展模式的总称，包含BOT（build-operate-transfer，建设-经营-移交）、TOT（transfer-operate-transfer，移交-经营-移交）、DBFO（design-build-finance-operate，设计-建设-投资-经营）等多种模式。狭义的PPP更加强调合作过程中的风险分担机制和项目的资金价值（value for money）原则。PPP不仅是一种融资工具的创新，更是一种公共服务提供模式和项目管理方式的变革，PPP模式可以有效提高供给效率和服务质量，对合作方的资金实力、技术与服务、管理能力、融资能力等方面均有很高的要求。

为了进一步深入理解PPP内涵，对国内外有关PPP的定义进行了梳理。

《财政部关于推广运用政府和社会资本合作模式有关问题的通知》（财金〔2014〕76号）中定义PPP为在基础设施及公共服务领域建立的一种长期合作关系。通常模式是由社会资本承担设计、建设、运营、维护基础设施的大部分工作，并通过“使用者付费”及必要的“政府付费”获得合理投资回报；政府部门负责基础设施及公共服务价格和质量。《国家发展改革委关于开展政府和社会资本合作的指导意见》（发改投资〔2014〕2724号）中定义PPP为政府为增强公共产品和服务供给能力、提高供给效率，通过特许经营、购买服务、股权合作等方式，与社会资本建立的利益共享、风险分担及长期合作关系。《国务院办公厅转发财政部 发展改革委 人民银行关于在公共服务领域推广政府和社会资本合作模式指导意见的通知》（国办发〔2015〕42号）中定义PPP为政府采取竞争性方式择优选择具有投资、运营管理能力的社会资本，双方按照平等协商原则订立合同，明确责权利关系，由社会资本提供公共服务，政府依据公共服务绩效评价结果向社会资本支付相应对价，保证社会资本获得合理收益。

美国 PPP 国家委员会将 PPP 定义为介于外包和私有化之间并结合了两者特点的一种公共产品提供方式，它充分利用私人资源进行设计、建设、投资、经营和维护公共基础设施，并提供相关服务以满足公共需求。加拿大 PPP 国家委员会将 PPP 定义为公共部门和私人部门之间的一种合作经营关系，它建立在双方各自经验的基础上，通过适当的资源分配、风险分担和利益共享机制，最好地满足事先清晰界定的公共需求。英国 PPP 国家委员会将 PPP 定义为可以覆盖所有类型的跨越公共部门和私营部门的合作，包括协同工作，共担风险来执行政策、服务和基础设施。每个国家 PPP 的实行方法都是为满足本国政府政策目标而设计，PPP 模式都是根据国家经济社会发展需要量身定做，且是独一无二的。

联合国开发计划署（United Nations Development Programme，UNDP）对于 PPP 的定义为政府、营利性企业和非营利性企业基于某个项目而形成的相互合作关系，合作各方可以达到比预期单独行动更有利的结果。欧盟委员会对于 PPP 的定义为公共部门和私人部门之间的一种合作关系，其目的是提供传统上由公共部门提供的公共项目或服务。世界银行学院对于 PPP 的定义为代表一种私营部门和政府部门之间的长期合同关系，用以提供公共设施或服务，其中私营部门承担较大风险和管理职责。

可以看出，传统上由政府提供的公共服务，通过建立政府与社会资本（国外一般专指私人资本）之间一种科学的合作关系，实现公共服务供给更加高效。在此基础上，根据我国对 PPP 的有关规定和学界的普遍认识，归纳出 PPP 具有以下几点核心特征。

（1）PPP 模式仅限用于应由政府提供的基础设施建设和公共服务领域

从国外运用 PPP 模式的初衷来看，其产生就是为了解决部分公共领域政府投入不足、管理低效等问题，通过引入合适的私人资本，扩大公共产品供给，提升公共服务质量和效益；从我国 PPP 相关规定来看，PPP 模式的适用领域已有非常明确的界定，即包括水务在内的基础设施和公共服务领域。由此来看，已经具备市场化条件的、能够完全通过市场自发调节的领域不属于 PPP 模式的适用范围。

（2）采用 PPP 模式的根本目的在于提高公共产品供给水平

从我国实际来看，PPP 模式大力推广之时，正值剥离（divestiture）地方融资平台公司政府融资职能、严格规范地方政府债务管理之际，表面来看主要目的是解决地方政府失去融资平台公司直接融资支持后的建设融资问题，但解决融资问题仅是推广 PPP 模式的目的之一，其更加本质的作用在于有效增加公共产品供给、提升公共服务品质并提升公共产品服务效率。

(3) 采用 PPP 模式需要一整套严谨的制度设计和操作流程

PPP 并非简单地引入社会资本进行投资建设，如何保障双方长达数十年的合作能够持续稳定、如何切实做到公共产品供给水平有效提升、如何保障公共利益得到切实保护、如何合理控制合作过程中的各种风险，都需要一整套完善的制度设计来提供支持，是一项复杂的系统性工作。

1.2 PPP 的分类

1.2.1 与 PPP 有关的概念

1. PFI

PFI（private finance initiative）英文原意为“私人融资活动”，在我国被译为“民间主动融资”，是英国政府于 1992 年提出的，后来在一些西方发达国家逐步兴起的一种新的基础设施投资、建设和运营管理模式。PFI 可以理解为 PPP 在英国发展过程中的一个特定阶段，其含义与狭义的 PPP 概念非常类似，只不过 PFI 更强调私人部门的资本投入，因而 PFI 也是一个概念范畴，它包括 DBFO、BOOT（build-own-operate-transfer，建设-拥有-经营-移交）、BOO（build-own-operate，建设-拥有-经营）等多种模式。英国的 PFI 主要以 DBFO 方式实现，因而也有的文献中 PFI 特指 DBFO 模式。

2. BOT

BOT（build-operate-transfer）即建设-经营-移交，是私营企业参与基础设施建设，向社会提供公共服务的一种方式。BOT 概念最早是由土耳其前总理奥扎尔于 1984 年提出来的，随后几年英国和法国对 BOT 的兴趣激增，并成为两国解决债务危机的手段之一。再后来 BOT 风行全世界，各种 BOT 项目大量涌现。在多数文献中，BOT 代表一类特定项目融资模式的总称，包含 BOOT、BLOT（build-lease-operate-transfer，建设-租赁-经营-移交）、BOO 等，有的文献中 BOT 特指 BOOT 模式，因此 BOT 也有广义和狭义之分。

3. TOT

TOT（transfer-operate-transfer），即移交-经营-移交。TOT 是 BOT 融资方式的新发展。其在国内经常出现，在国外文献中其实并不多见。TOT 可以分为只移交经营权的TOT和伴随产权移交的TOT两种，前者实质是租赁（lease）关系，后者实质是购买关系。又由于公共设施移交给私人部门后一般需要先进行一定程度的更新、扩建才能经营，故TOT可分别用LUOT（lease- upgrade- operate-transfer，租赁-更新-经营-移交）和PUOT（purchase-upgrade-operate-transfer，购买-更新-经营-移交）表示。

4. Concession

Concession即特许经营，特许经营在法国具有很长的历史，其含义同样也有广义和狭义之分。广义的特许经营与狭义的PPP概念完全相同，是指一系列特许经营方式的总称；而狭义的特许经营专指“场域特许经营”或“特许租赁经营”，常用法语affermage表示。

特许经营权通过竞争招标授予，它可以应用于新设施的建设，也可以应用于已有设施的更新、升级和扩建等。特许经营权的合同期限一般长达20～30年，在此期间私人部门负责投资、建设、经营和维护公共设施，但整个过程中，包括已有设施和私人部门新建设的设施在内的全部资产归公共部门拥有。公共部门需要做的是监督私人部门在特许期内妥当使用和维护设施，确保特许期结束后全部设施能较为完整地交还公共部门。特许经营是指政府部门授予私人部门特许权来经营公用事业，它与连锁超市、快餐店等的特许（加盟）经营有所不同，后者一般用法语franchies表示。

5. PSP

世界银行使用术语PSP（private sector participation，公私合作）来泛指私人部门与公共部门各种程度的合作关系，其含义与广义的PPP完全相同。

6. Divestiture

将公共资产或国有股权通过出售或者管理层收购（management buyout，MBO）等形式移交给私人，称为剥离，具体有完全剥离（complete divestiture）和部分剥离（partial divestiture）两种。

完全剥离与特许经营相类似，但由于所有权永久归私人保留，故两者的PPP性质有所不同。在特许经营方式中政府有两个主要任务：其一是确保资产使用良好，并在特许期结束后能较为完善地交还；其二是通过合理的调节和管理，避免出现行业垄断价格，同时确保服务质量。而在完全剥离模式下，政府的任务只有后者，因为从理论上讲，私人部门会自觉维护其自身拥有的资产。

如果政府希望在资产管理方面保持一定程度的控制权，则可以选择部分剥离的方式，保留部分资产的产权。部分剥离方式在吸引私人资金、提高经营和管理效率的同时，还能保证公共资产的国有意义。在对国民经济意义重大的行业，为确保社会安全和经济稳定，政府通常不愿意将这些行业的公共资产完全剥离出去。

1.2.2 国外 PPP 分类

1. 世界银行的分类方法

世界银行综合考虑资产所有权、经营权、投资关系、商业风险和合同期限等，将广义 PPP 分为服务外包（service contract）、管理外包（management contract）、租赁（lease）、特许经营（concession）、BOT/BOO 和剥离（divestiture）6 种模式，如表 1-1 所示。

表 1-1 世界银行的 PPP 分类

PPP 类型	产权	经营和维护	投资	商业风险	合同期限
服务外包	公共部门	公共部门和私人部门	公共部门	公共部门	1～2 年
管理外包	公共部门	私人部门	公共部门	公共部门	3～5 年
租赁	公共部门	私人部门	公共部门	共同分担	8～15 年
特许经营	公共部门	私人部门	私人部门	私人部门	25～30 年
BOT/BOO	私人部门和公共部门	私人部门	私人部门	私人部门	20～30 年
剥离	私人部门和公共部门	私人部门	私人部门	私人部门	永久

2. 联合国训练研究所的分类方法

联合国训练研究所按照狭义 PPP 进行分类，认为世界银行 PPP 分类选项中的特许经营、BOT/BOO 属于 PPP，而服务外包、管理外包、租赁和剥离不属于 PPP 范畴，如图 1-1 所示。图 1-1 中左侧阴影表示私人部门参与程度，右侧阴影表示公共部门参与程度。

3. 欧盟委员会的分类方法

欧盟委员会按照投资关系，将 PPP 分为传统承包、一体化开发和经营、合伙开发三大类（表 1-2）。传统承包类是指政府投资，私人部门只承担项目中的某

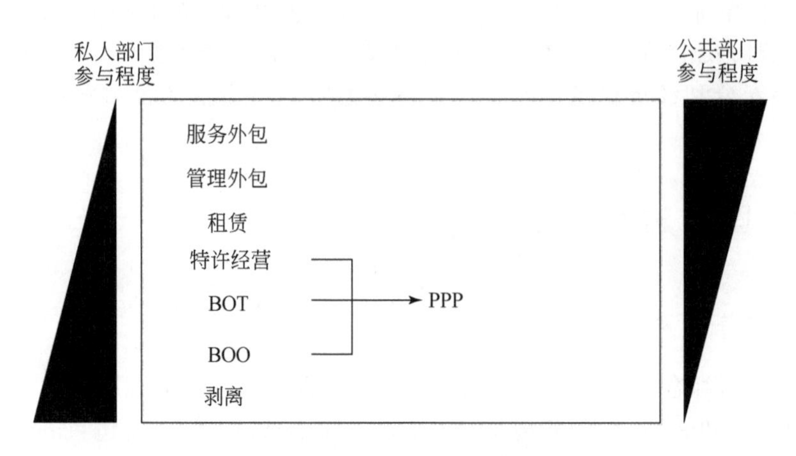

图 1-1　联合国训练研究所的 PPP 分类

一个模块（如建设或者经营）；一体化开发和经营类是指公共项目的设计、建设、经营和维护等一系列职能均由私人部门负责，有时也需要私人部门参与一定程度的投资；合伙开发类通常需要私人部门负责项目的大部分甚至全部投资，且合同期间资产归私人拥有。

表 1-2　欧盟委员会的 PPP 分类

PPP 类型	具体模式	备注
传统承包类	服务外包	租赁也属于私人承包类，租赁与经营和维护两种分类有所不同
一体化开发和经营类	BOT，Turnkey（“交钥匙”工程）	有时 Turnkey 也用 DBO 来表示，即全承包或“交钥匙”
合伙开发类	特许经营、剥离	特许经营包括 DBFO Concession、BOOT Concession 等，剥离包括 BOO 等

4. 加拿大 PPP 国家委员会的分类方法

加拿大 PPP 国家委员会按照移交给私人部门的风险大小，将广义 PPP 细分成了 12 种模式，见表 1-3（表中箭头方向表示移交给私人部门的风险越来越大）。

表 1-3 加拿大 PPP 国家委员会的 PPP 分类

PPP 类型	简写	中文含义	转给私人部门的风险大小
contribution contract	—	捐赠协议	小风险
operation and maintenance	O&M	经营和维护	↓
design-build	DB	设计-建设	
design-build-major maintenance	DBMM	设计-建设-主要维护	
design-build-operate (super turnkey)	DBO	设计-建设-经营(超级"交钥匙"工程)	
lease-develop-operate	LDO	租赁-开发-经营	
build-lease-operate-transfer	BLOT	建设-租赁-经营-移交	
build-transfer-operate	BTO	建设-移交-经营	
build-own-transfer	BOT	建设-拥有-移交	
build-own-operate-transfer	BOOT	建设-拥有-经营-移交	
build-own-operate	BOO	建设-拥有-经营	
buy-build-operate	BBO	购买-建设-经营	大风险

1.2.3 适合中国的 PPP 分类

参考世界银行和加拿大 PPP 国家委员会等的分类方式，结合国内目前的应用现状，PPP 可以按如图 1-2 所示的三级结构的方式进行分类。

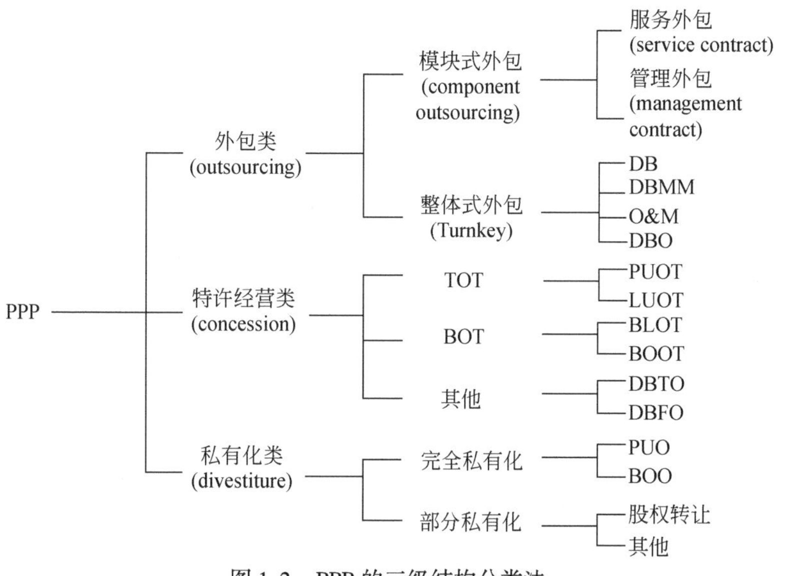

图 1-2 PPP 的三级结构分类法

从图 1-2 可知，广义 PPP 可以分为外包、特许经营和私有化三大类。

1. 外包类项目

一般是由政府投资，私人部门承包整个项目中的一项或几项，如只负责工程建设，或者受政府之托代为管理维护设施或提供部分公共服务，并通过政府付费实现收益。在外包类项目中，私人部门承担的风险相对较小。

2. 特许经营类项目

需要私人参与部分或全部投资，并通过一定的合作机制与公共部门分担项目风险，共享项目收益。根据项目的实际收益情况，公共部门可能会向特许经营公司收取一定的特许经营费或给予一定的补偿，这就需要公共部门协调好私人部门的利润和项目的公益性两者之间的平衡关系，因而特许经营类项目能否成功在很大程度上取决于政府相关部门的管理水平。通过建立有效的监管机制，特许经营类项目能充分发挥双方各自的优势，节约整个项目的建设和经营成本，同时还能提高公共服务的质量。项目的资产最终归公共部门保留，因此一般存在使用权和所有权的移交过程，即合同结束后要求私人部门将项目的使用权或所有权移交给公共部门。

3. 私有化类项目

需要私人部门负责项目的全部投资，在政府的监管下，通过向用户收费，收回投资实现利润。私有化类项目的所有权永久归私人拥有，并且不具备有限追索权的特性，因此私人部门在私有化类项目中承担的风险最大。

上述这种分类方式的优点在于既符合国际上主要的分类原则，又考虑了国内的术语使用习惯，同时避免使用一些意义模糊的概念，使每一个术语对应一种特定模式。PPP 的各种模式及其含义见表 1-4。

表 1-4　PPP 的各种模式及其含义

模式名	英文含义	中文含义
Service Contract	service contract	服务外包
Management Contract	management contract	管理外包
DB	design-build	设计-建设
DBMM	design-build-major maintenance	设计-建设-主要维护
O&M	operation & maintenance	经营和维护
DBO	design-build-operate（super turnkey）	设计-建设-经营（超级“交钥匙”工程）
LUOT	lease-upgrade-operate-transfer	租赁-更新-经营-移交

续表

模式名	英文含义	中文含义
PUOT	purchase-upgrade-operate-transfer	购买–更新–经营–移交
BLOT	build-lease-operate-transfer	建设–租赁–经营–移交
BOOT	build-own-operate-transfer	建设–拥有–经营–移交
DBTO	design-build-transfer-operate	设计–建设–移交–经营
DBFO	design-build-finance-operate	设计–建设–投资–经营
PUO	purchase-upgrade-operate	购买–更新–经营
BOO	build-own-operate	建设–拥有–经营

上述这些模式中，容易引起混淆的是 DBO、DBTO、DBFO、BLOT、BOOT 及 BOO。下面分别从投资、建设、经营、拥有（所有权）四个方面来比较这些模式的异同，见表 1-5。

表 1-5　几种容易混淆的 PPP 模式比较

比较项		DBO	DBTO	DBFO	BLOT	BOOT	BOO
投资	私人负责投资			√	√	√	√
	通过向用户收费收回投资		√		√	√	√
	通过向政府付费收回投资	√		√			
建设	私人部门建设工程	√	√	√	√	√	√
经营	私人部门提供服务	√	√	√	√	√	√
拥有	公共部门永久拥有	√	√	视合同定	√		
	合同期间私人拥有					√	
	私人部门永久拥有						√

表 1-5 表明，这几种模式的相同之处在于公共设施的建设和经营均由私人部门负责，不同之处主要体现在投资和所有权关系两个方面。

1.3　PPP 的程序及模式

1.3.1　国际 PPP 模式

与其他运作模式相比，PPP 模式有显而易见的优点，公共部门和私人部门可以发挥各自优势，充分利用有限资源，建立长期合作关系实现共赢；可以弥补公共部门资金不足的缺陷；节约管理成本和资金成本，提高建设和运营效率；提升基础设施建设和服务水平。但 PPP 模式又是一个十分复杂的系统工程，参与者众多，组织结构和形式非常复杂，需要牵头人有很高的协调组织能力；同时 PPP 模式一般周期较长，前期需要收集和分析大量的数据与资料以识别项目各阶段的风险，对风险分担机制要求很高。从国际 PPP 的实践来看，PPP 项目成功的核心在于三点，即契约精神、风险共担和利益共享。本节将从运营模式、融资模式的角度，并结合案例对国际通常采用的 PPP 模式进行讨论。

1. 运营模式

国际 PPP 项目一般由政府作为发起人发起，由政府和私人部门共同投资设立。在政府与私人部门完成最初的招标和相关谈判后，PPP 项目的运作模式一般如图 1-3 所示。

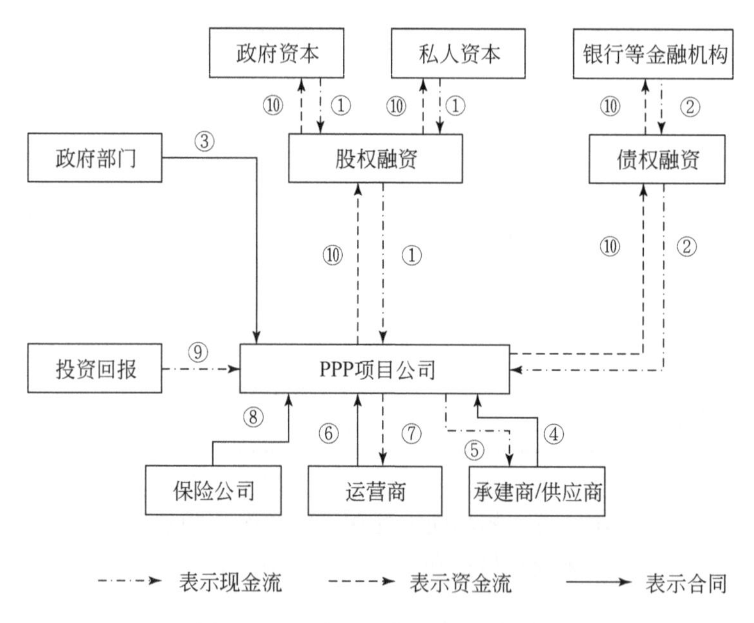

图 1-3　国际 PPP 项目基本运作模式

图 1-3 中 PPP 项目运作的基本流程如下。

1）政府和私人部门按比例投入一定资本金筹建 PPP 项目公司。通常情况下，政府部门出资比例较小，而 PPP 项目的特点之一就是撬动更多的社会资金。同时，股本金占 PPP 项目所需全部投资额的比例较小，一般在 10%～30%。

2）通过银行等金融机构获得债权融资。PPP 项目的特点之一是高负债运行，一般而言，债权资金占 PPP 项目公司总资产的 70% 或以上。融资方式大多是通过银行贷款（含银团贷款）和发行债券。在最新的 PPP 实践中，信托、保险资金、养老资金等也有介入，极大地丰富了资金来源渠道。

3）政府部门将特许经营权移交给 PPP 项目公司。特许经营期限根据项目类型不同而有所区别，一般而言在 20～30 年，项目类型以交通基础设施、医疗等为主。

4）承建商与 PPP 项目公司签订建造合同，建造合同可能是建设–移交（build-transfer，BT）或设计–采购–施工（engineering-procurement-construction，EPC）总承包形式。供应商与 PPP 项目公司签订设备采购或供货合同。在这个环节，承建商可以通过垫资等方式、供应商可以通过经营租赁等方式给 PPP 项目提供中短期融资甚至是长期融资。

5）PPP 项目公司向承建商、供应商支付相关费用。在大多情况下，SPV① 的发起方会同时作为项目承建商或供应商，因此对私人资本而言，可以从以下两方面获得收入：一是初始股权投资回报，即资金回报；二是建造合同收入或供货合同收入，即服务回报。

6）运营商与 PPP 项目公司签订运营维护合同。

7）PPP 项目公司向运营商支付相关费用。同样，运营商一方面可以获得资金回报，另一方面可以通过后期运营维护取得服务回报。

8）保险公司与 PPP 项目公司就相关债券签订保险合同。例如，美国马萨诸塞州 3 号公路北段修缮扩建项目发行的 30 年免税债券就购买了保险，使得债券被惠誉和标准普尔评级为 AAA，从而降低了债券发行成本。

9）对于 PPP 项目而言，投资回报一般包括三种模式：使用者付费、使用者付费+政府购买、政府购买。上述三种投资回报模式分别对应三种类型的项目，即经营性项目、准公益性项目和公益性项目。在经营性项目中，使用者付费可基本覆盖投资支出并提供合理回报。在准公益性项目中，其具有公益性质，单靠使用者付费可能不能完全弥补项目运行开支，因此需要政府部门通过政府购买方式提供一定的收入来源，即可行性缺口补助。例如，法国西班牙跨国铁路项目，政府购买占到总投资的比例高达 57%，政府购买成为该项目成功的重要因素。此外，在项目运营期间，特别是在项目收益达不到预期时，政府也会根据约定支付一定补助，即政府承担最低需求风险。在公益性项目中，政府购买将作为唯一收入来源用以弥补投资成本。

---

① PPP 项目公司是为实施 PPP 项目这一特殊目的而设立的公司，通常作为项目建设的实施者和运营者而存在，因此，也常常被称作“特别目的载体”（special purpose vehicle，SPV）。

10）PPP 项目公司向股权资本和债权资本分配收益。在有的 PPP 项目中，后期由于运营等方面的问题可能会出现债务重组而改变原有资本结构的情况（即再融资），在这种情况下，项目收益的分配应做相应调整，如英国塞文河第二大桥项目。

2. 融资模式

国际 PPP 项目的融资基本上采取股权+债权的模式。

从具体融资工具看，国际 PPP 项目可以通过股东提供股权融资，包括政府和私人部门出资，最新实践中 PPP 基金也逐步参与进来。PPP 项目具有高负债运营的特点，资本金比例一般为 10%～30%。PPP 基金的主要作用是通过撬动资源和运用专业技能寻找最优 PPP 项目，在培养市场过程中起到催化作用。从国际 PPP 基金的实际操作看，主要分为政府发起的 PPP 基金和市场发起的 PPP 基金两大类。政府发起的基金包括加拿大 P3 基金、印度基础设施发展金融有限公司（提供长期的商业贷款，最多可提供资本成本的 20% 贷款，还提供咨询服务和试点担保计划）、玛格丽特 2020 基金（为欧洲气候变化、能源安全等其他基础设施投资项目提供股本和准股本金）、欧盟 JISSICA 基金（为欧洲市政 PPP 项目提供贷款、股本和担保）等。市场发起的基金包括气候变化 PPP 基金（向亚洲开发银行的发展成员国内气候与环境相关领域的项目提供股本、贷款及基金）、菲律宾基础设施投资联盟（为菲律宾核心基础设施融资提供股本和准股本）。

国际 PPP 项目也可以通过商业贷款（包括银行财团贷款）、资本市场、国家或区域性开发银行等方式获得债务融资。其中，资本市场的具体形式主要为地方政府债券、项目收益债券、公司债券以及资产证券化产品等。在最新的 PPP 项目实践中，为了隔离政府风险，政府一般不直接承担债券的偿还责任，但会通过提供政府补贴、帮助申请 PPP 基金等方式对 PPP 项目融资提供支持。

美国在运用收益证券方面是最好的国家之一。项目收益证券是美国公共基础设施债务融资的主要渠道，是仅次于国债和公司债券的第三大债券市场。通常有政府拨款、地方税收收入或者租赁付款作担保，可以免缴美国联邦收入所得税（和一些地方税），直接降低融资成本达 2 个百分点。

在 PPP 项目的债券融资中，由于债券存续期较长，可能会采用通货膨胀指数化债券来规避通胀风险。通货膨胀指数化债券是指债券的本金或利息根据某种物价变量定期进行调整的债券工具。例如，澳大利亚皇家妇女医院项目中，债务融资为 2.93 亿美元（穆迪评级为 Aa2），其中就包括 1.45 亿美元的 28 年期指数化年金债券（indexed annuity bonds，IABs，通货膨胀指数化债券的一种）。

此外，从广泛意义上讲，EPC 总承包商可以通过 BT 等形式、设备承包商可以通过经营租赁等形式对 PPP 项目提供融资便利（图 1-4）。

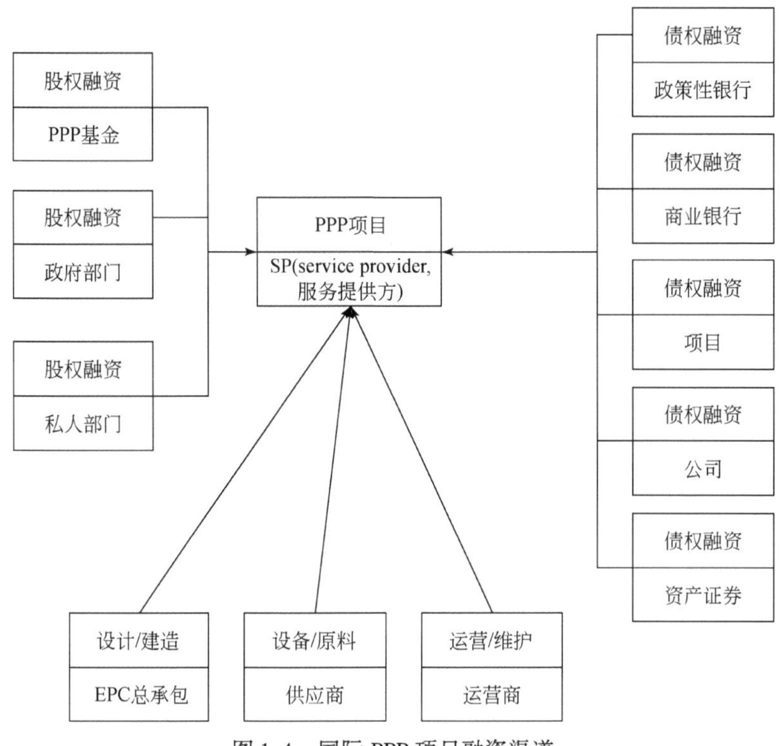

图 1-4 国际 PPP 项目融资渠道

从资金来源看，目前国际 PPP 项目对银行渠道的资金来源依赖严重，银行资金占全部资金渠道的 70%~80%，甚至更高。各个国家都在研究探索降低对银行资金的依赖，包括通过债券融资提高资本市场的比例，以及推动股权投资者在股权投资领域发挥更重要的作用（如加拿大和澳大利亚的养老基金）。PPP 项目的利润率属于低利润率，因此追求高收益率的产业资金及高风险高回报的资金均不适合投资于 PPP 项目。而追求长期稳定回报的养老基金、保险资金则与 PPP 的收益回报特点具有高度的匹配性。以加拿大为例，加拿大养老基金是国内参与基础设施建设的重要力量，在 PPP 模式中也不乏养老基金的身影。养老基金的参与方式包括以股权形式参与 PPP 项目，或持有 PPP 相关债券等。

1.3.2 国内 PPP 模式

1. 从项目看，主要分存量项目和新建项目

存量项目将前期通过审批、已在运行但尚未完结的符合条件的 PPP 模式运

作，主要是为了化解政府性债务风险，突破融资瓶颈，如乐陵市人民医院迁建项目；新建项目是直接运用PPP模式开始新建项目的实施，如唐山世界园艺博览会项目。根据财政部第2期季报的统计，各地新建的PPP项目约占PPP项目投资额的91%，存量项目占9%。

2. 从整体模式看，财政部一共明确界定了6种具体模式

包括经营和维护（O&M）、管理合同（MC）、BOT、BOO、TOT和改建-经营-移交（rebuild-operate-transfer，ROT）。

按照政府与社会资本之间的权责大小可以分三大类。

1）外包类。政府权责最大，社会资本权责最小，仅仅是作为一个受托人。包括O&M和MC，可视为传统BT的改良版，现在应用较少。

2）特许经营类。政府权责较小，社会资本权责较大，现在大部分PPP项目均属于此类，包括广为人知的BOT，已渗透到各个行业中，如交通运输中的济青高铁潍坊段、市政工程中的北京地铁16号线、生态建设和环境保护中的浙江省丽阳溪水系综合整治工程PPP项目、片区开发中的南京市溧水区产业新城PPP项目等。由此还衍生了DBFO、DBFOT（design-build-finance-operate-transfer，设计-建设-投资-经营-移交）、TOT、ROT、BLOT等多种模式，如生态建设和环境保护中的大理洱海环湖截污PPP项目和片区开发中的运城市大西高铁客站周边片区采用DBFO模式运作，市政工程中的安徽省安庆市外环北路工程PPP项目按照DBFOT模式建设，生态建设和环境保护中的安徽省安庆市污水厂网一体化PPP项目涵盖了TOT、ROT和BOT三种模式，医疗卫生中的荥阳市人民医院整体建设PPP项目中引入了租赁，通过BLOT模式实施，合作方式日趋多样化，更为灵活。

3）私有化类。政府的权责最大，社会资本的权责最小，合作最为深入。财政部所说的BOO模式算是私有化的一种。片区开发中的山东省东营市长城·创新港（一期）项目、养老中的铜川市老年服务中心项目、医疗卫生中的乐陵市人民医院拆迁项目、邵阳市中心医院东院项目、黔南布依族苗族自治州独山县人民医院建设项目均采用此种模式。

3. 从SPV结构看，PPP项目公司是依法设立的自主运营、自负盈亏的具有独立法人资格的经营实体

项目公司一般为有限责任公司，股东以其出资额为限对公司承担责任，公司以其全部资产对公司的债务承担责任。

按照出资比例可分为两类：

一是有实力的社会资本全额出资设立，如交通运输中的扬州市611省道邗江

段工程项目和唐山市赤曹线滦州至青坨营段工程均由中标社会资本全额出资、市政工程中的北京地铁 16 号线 B 部分由京港地铁全额投资。

二是由政府和社会资本共同出资设立，现有规定明确表明政府在项目公司中的持股比例应当低于 50% 且不具有实际控制力及管理权。因此，在实际操作中，政府方占比不高，多为 5%~30%，如浙江省丽阳溪水系综合整治工程 PPP 项目中政府方持股 5%、济青高铁潍坊段项目中政府方占 10% 的股权、山东省淄博市博山姚家峪生态养老中心 PPP 项目政府方出资占比 20%、青海省海东市乐都区污水处理厂 PPP 项目政府方出资 30%，但也有部分项目政府方持股比例高达 49%，如吉林（中国–新加坡）食品区中小企业创业园 PPP（TOT）示范项目、云南省红河哈尼族彝族自治州（以下简称红河州）蒙开个地区河库连通工程、乐陵市人民医院迁建项目等。

4. 从项目资金构成看，PPP 项目的资金包括两类

一是项目资本金，是指在建设项目总投资中，由投资者认缴的出资额，根据国务院相关规定，各行业固定资产投资项目的最低资本金存有差异：城市轨道交通项目为 20%，港口、沿海及内河航运、机场项目为 25%，铁路、公路项目为 20%，保障性住房和普通商品住房项目为 20%，城市地下综合管廊、城市停车场项目以及经国务院批准的核电站等重大建设项目可以在规定最低资本金比例基础上适当降低。

二是外部融资，是指项目投资者通过金融市场融通的资金。种类较多：①配套贷款，通过政策性银行和商业银行按一定利率申请的贷款，如河北省大巫岚—冷口（秦唐界）公路工程项目中项目资本金仅占 20%，剩余 80% 的建设资金通过银行贷款解决，中国农业发展银行红河州分行为云南省红河州蒙开个地区河库连通工程项目提供融资。②资管计划，由证券公司、基金子公司集合客户的资产，投资于 PPP 项目，如济青高铁潍坊段项目中中邮证券有限责任公司代表社会资本持股 90%，通过发行资管计划，对接中国邮政储蓄银行（以下简称邮储银行）的 40 亿元理财资金。③专项债权计划或股权计划，委托参与投资基础设施项目的信托投资公司、保险资产管理公司、产业投资基金管理公司或者其他专业管理机构进行 PPP 项目投资，此种融资模式在国外运用较为广泛，险资投资 PPP 项目比较常见，新华人寿保险股份有限公司与广州市政府共同成立“广州（新华）城市发展产业投资基金”，基金规模 200 亿元，用于广州市基础设施和城市发展建设项目。④资产证券化，成立资产支持专项计划，对符合要求的 PPP 项目进行证券化，通过发行不同期限和信用等级的资产支持证券，为 PPP 项目融资，如中国民族证券有限责任公司成立的“濮阳供水收费收益权资产支持专项计

划”，发行 1 ~ 5 年不等的五档优先级资产支持证券，用于购买濮阳市自来水公司的供水合同收益权。⑤项目收益债，为项目融资，债券募集资金用于特定项目的投资与建设，如广州环投南沙环保能源有限公司发行的 2014 年广州市第四资源热力电厂垃圾焚烧发电项目收益债券（以下简称“14 穗热电债”），规模 8 亿元，期限为 10 年，资金投向广州市第四资源热力电厂垃圾焚烧发电项目。⑥信托计划，信托公司成立专项信托计划，为 PPP 项目筹集资金，如中信信托有限责任公司成立“唐山世园会 PPP 项目投资集合资金信托计划”，为唐山世界园艺博览会基础设施及配套项目融资。⑦PPP 产业基金，通过成立基金，发挥杠杆效应，对外募集资金，如苏交科集团股份有限公司与贵州道投融资管理有限公司联合发起的贵州 PPP 产业投资基金，投资方向主要是环保、交通、市政、水务、水利、水环境治理、生态修复、医疗、医药、大健康、海绵城市、智慧城市、城市地下综合管廊等相关行业的股权及债权投资和融资租赁公司的股权投资。

5. 从代表政府出资的主体看，一般分为三类

1）地方平台公司，包括不同类型的城市建设投资、城建开发、城建资产公司，如安徽省安庆市外环北路工程 PPP 项目的政府方为安庆市城市建设投资发展（集团）有限公司、大理洱海环湖截污 PPP 项目中政府出资方为大理洱海保护投资建设有限责任公司。

2）地方政府部门的关联性企业，如河北省大巫岚—冷口（秦唐界）公路工程中青龙满族自治县交通运输局下属的青龙满族自治县卓盛公路管理有限公司作为政府方出资代表，海西高速公路网古武线永定至上杭段高速公路工程中龙岩市交通运输局指定的机构代表政府出资。

3）地方国资委控股的与项目相关的其他国有企业，如吉林（中国-新加坡）食品区中小企业创业园 PPP（TOT）示范项目是由吉林（中国-新加坡）食品区管理委员会委托吉林中新食品区华兴资产运营开发管理有限公司作为政府方入股。

6. 从社会资本构成看，主要包括五类

1）金融投资机构，负责项目资金的筹集，提升项目公司的投融资能力，如济青高铁中的邮储银行、云南省红河州蒙开个地区河库连通工程中的中国农业发展银行。

2）工程承包商，承担项目的建设事宜，保障项目质量、进度和安全，规避建设风险，如扬州市 611 省道邗江段工程项目的中标社会资本中电建路桥集团有限公司，负责工程的投资、融资、建设及运营维护。

3）设备和技术提供商，适用于核心设备系统和关键技术要求高的核心设备技术类项目，有利于核心设备和技术的采购与交付、设备的运营维护，如丽水市人口健康信息化 PPP 项目中运盛（上海）医疗科技股份有限公司作为设备和技术提供商中选。

4）运营管理机构，常用于运营管理复杂的综合运营管理类项目，有利于项目运营、规避经营风险，如北京地铁 16 号线中北京京港地铁有限公司负责 B 部分的运营、管理。

5）联合体招标，为了增强竞争力，提高中标概率，同时分散自己不想承担的责任，企业现在越来越多地通过联合体投标，如重庆市曾家岩嘉陵江大桥项目中由招商局重庆交通科研设计院有限公司、中铁隧道局集团有限公司、中交第二航务工程局有限公司联合体作为该项目的社会投资方。

7. 从社会资本回报机制看，主要有三类

1）固定收益的债权类，社会资本的收益相对稳定，事先已确定，如大理洱海环湖截污 PPP 项目中，政府承诺每年支付污水处理服务费及截污服务费 46 680 万元（共计 15 年）。

2）股权类，社会资本参与项目建设、运营，根据项目的运营成效进行分红，如科尔沁左翼后旗甘旗卡镇东区污水处理工程建设项目，政府对污水处理费进行单价控制，依据“保本微利”和合理计取净资产利润率的原则。

3）介于两者之间，政府为社会资本的投资回报设定最低利润率，达不到时，政府会给予相应的补贴，但若运作良好，超过最低利润率时，不予补贴，如吉林（中国–新加坡）食品区中小企业创业园 PPP（TOT）示范项目，按投入注册资本金最低收益率原则，保证合资公司前八年年注册资本净利润率（税后）达到 8%（约为银行五年期基准利率上浮 30% 计算），达不到 8% 时，财政部门给予补贴至 8%，年净利润率高于 8% 时，财政部门不予补贴。当运营年净利润率超过 30% 时，按照 5∶5 比例分成。政府用这部分收益来偿还前期补贴（运营成本按审计结果确定）。

8. 从退出机制看，大致可分为两类

1）无偿移交，大部分 PPP 项目属于特许经营类，待特许经营期结束后补偿移交给政府指定部门，如河北省大巫岚—冷口（秦唐界）公路工程，在合作期限结束后，项目公司将该项目无偿移交至政府指定机构。

2）由政府回购，如贵阳市乌当区柏枝田水库项目，在运营期的最后五年，政府每年受让中标社会投资人持有的 SPV 股权的 20%。

1.3.3 PPP 最新进展及趋势

1. PPP 最新进展情况

随着中国社会主义市场经济体制的深化改革，我国在多个公共服务领域引入了社会资金，为我国基础建设提供了巨大助力。随着政策的放开，我国 PPP 项目数量迅速增多，目前我国 PPP 项目入库数量共计 9036 个，入库项目总金额达到 13.64 万亿元，项目主要集中在城市基础设施建设、农林水利、社会事业、交通运输和环保等领域，其中 2019 年第二季度净增项目就已经达到 193 个，投资额接近 2200 亿元，未来随着我国在公共服务领域投资的扩大，我国 PPP 项目仍有保持增长态势，行业规模不断扩大。

改革开放以来，我国从计划经济体制向社会主义市场经济转型，形成市场主导、政府监管具有明显中国特色的经济体制，但是受客观条件限制，在众多领域仍旧存在着政府占据主导、市场化受限的现象，投资建设以政府为主，社会资金进入受到限制。2015 年发布的《国务院办公厅转发财政部 发展改革委 人民银行关于在公共服务领域推广政府和社会资本合作模式指导意见的通知》（国办发〔2015〕42 号）正式开启了社会资本进入公共服务领域的大门。

政策放开下，我国 PPP 项目得到了快速发展，项目数量稳步增长，截至 2019 年，我国 PPP 项目库每月新增入库项目数、每月新增入库项目金额、每月落地项目数净变化和每月落地项目金额净变化情况如图 1-5 ~ 图 1-8 所示。

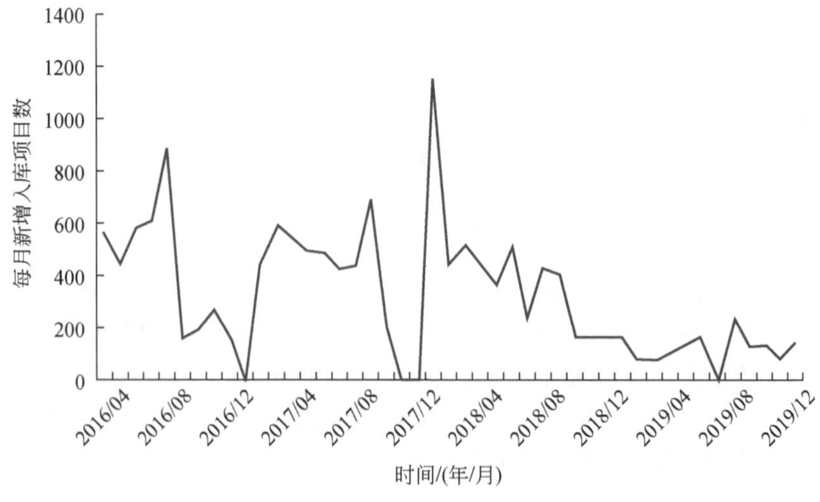

图 1-5　2016 ~ 2019 年每月新增入库项目数

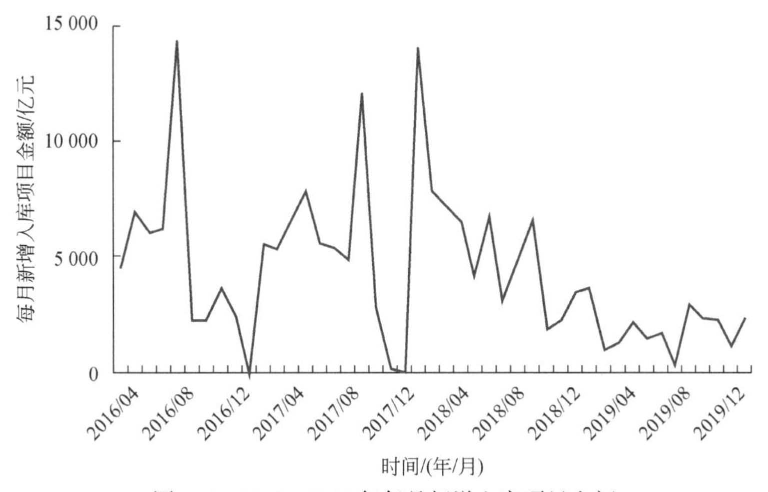

图 1-6　2016～2019 年每月新增入库项目金额

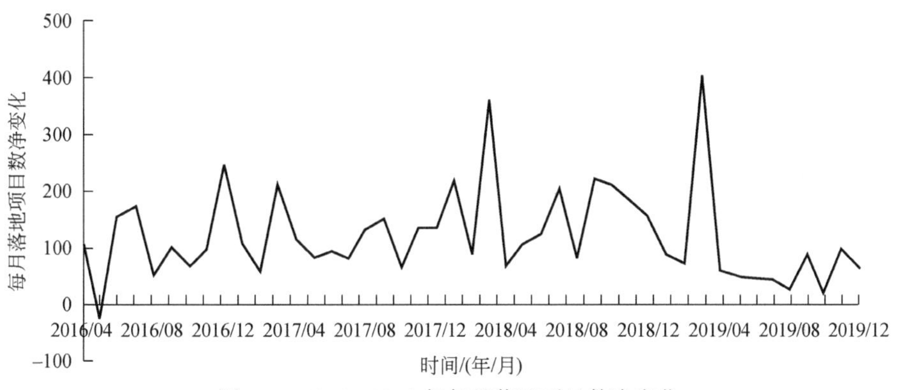

图 1-7　2016～2019 年每月落地项目数净变化

图 1-8　2016～2019 年每月落地项目金额净变化

从现实情况看，在全社会各领域积极贯彻十八届三中全会“全面深化改革”精神的关键时期，推进 PPP 是适应“转变政府职能、优化资源配置、深化改革开放、激活社会资本潜力”要求的一次宏观层面的体制机制变革。

第一，推广 PPP 模式是适应“国家治理现代化”要求的一次变革。现代国家治理更加注重契约精神、市场观念，更加注重公平参与、平等协商、绩效评估和结果导向。运用 PPP 模式，其必要条件就是政府和企业“按照合同办事”、平等参与、公开透明，这也是现代国家治理关注的重点。

第二，推广 PPP 模式是适应“市场起决定性作用”要求的一次变革。十八届三中全会提出推进公共资源配置市场化。鼓励非公有制企业进入公共服务等特许经营领域。而运用 PPP，是通过特许经营引入社会资本，发挥市场竞争作用、激发非公有制经济的活力的同时，有助于消除行政垄断和隐形壁垒，推进公共产品和服务的市场化配置，符合“市场起决定性作用”的要求。

第三，推广 PPP 模式是适应“加快转变政府职能”要求的一次变革。通过 PPP，政府将实现“职能转变”，由“管理者”转变为“监督者、合作者”，能够把更多的精力放在制定发展战略和加强监管，既可以降低行政管理成本，又可以减少权力寻租空间，符合国务院进一步简政放权的要求。

第四，推广 PPP 模式是适应“建立现代财政制度”要求的一次变革。十八届三中全会要求，要建立跨年度预算平衡机制，建立权责发生制的政府综合财务报告制度。PPP 模式强调剥离一部分政府性债务，从以往单一年度的“预算收支管理”，逐步转向强化中长期财政规划和“资产负债管理”。PPP 项目全生命周期的“预算管理”，是建立现代财政制度科学化、透明化的应有之义。

第五，推广 PPP 模式是适应“推动城镇化健康发展”要求的一次变革。十八届三中全会提出，要建立透明规范的城市建设投融资机制，允许社会资本通过特许经营等方式，参与城市建设项目投资运营，PPP 正是基于特许经营权的投融资机制。

第六，推广 PPP 模式是解决地方政府融资难题的途径之一。根据政策，地方政府融资路径一是靠发行政府债券，二是推广使用 PPP 模式。因此 PPP 模式是地方政府融资的重要途径。

2. PPP 的发展新趋势

（1）PPP 推广从理性回归进入规范发展

自 2017 年下半年开始，国家一系列规范政策紧密出台，PPP 各参与方逐渐冷静下来，逐步回归理性。中央政府监管政策基本稳定，地方政府也不再盲目强推项目；社会资本不再盲目拿项目；金融机构不再盲目放贷等。在多方共同努力下，PPP 市场呈现明显的理性回归状态。项目数量呈现持续下降趋势，项目结构更加科学、合理，项目实施从源头规范。由于政策和市场的双向调整，从历史的角度来分析，2020 年是中国 PPP 行业进入规范发展的元年。项目的规范性将深入人心，不合规 PPP 项目数量将呈现持续下降趋势，项目领域更加符合 PPP 的本质要求；同时为确保 PPP 规范发展，也将会对原有的规范性指引文件进行部分修订或完善，一个全面、规范的 PPP 市场将逐步建立起来。

（2）PPP 政策从多方推进转为修订完善

从 2014 年我国正式推广 PPP 开始，为引导其在我国的快速推进，中央陆续下发一系列政策文件，从多方面搭建基本框架体系。目前，操作性政策整体框架已基本构建完成，涵盖项目重要环节的操作指引政策、规范性政策、专项性政策等。2019 年，中央层面 PPP 顶层设计较少，主要是对 PPP 项目进一步规范，以及对原有政策进行修订完善。2020 年，PPP 操作指南在经过进一步修订完善后推进实施，与此同时，与其相配套的财政承受能力论证、物有所值评价等政策也将面临修订，整个 PPP 操作顶层设计文件得到进一步完善，并更注重文件体系的完整性、系统性、实操性。

（3）PPP 运作从全面创新变为重点突破

创新是 PPP 模式发展的核心动力，PPP 在我国已经过近六年的高速发展，但是由于经验不足，许多问题还属于边摸索边解决的阶段。未来，我国 PPP 发展要行稳致远，必须在规范的前提下，从全面创新变为重点突破。结合 PPP 在我国的实际发展需求，可在 PPP 和专项债的结合运作、片区开发 PPP 模式运作两个领域优先进行探索。经过近六年的高速发展之后，我国的 PPP 行业即将进入规范发展的阶段，因此过去那些“打擦边球、钻政策空子”的所谓全面创新必须面对现实，转变为重点突破，只有这样才能继续稳步向前发展，主管部门也应该在某些领域对 PPP 模式的重点创新和运用进行合理引导与鼓励。

（4）PPP 绩效从模糊考核走向制度管理

随着大量落地的 PPP 项目陆续进入运营阶段，PPP 项目实施全面绩效管理变得日益重要和紧迫。PPP 绩效考核在实操中问题百出，而考核模糊化是其中最严重的问题，进而导致项目后期出现各种问题。因此，PPP 绩效考核必须进行制度化管理，尤其重点体现在顶层指导文件的出台。例如，2020 年 3 月 16 日，财政部印发了《政府和社会资本合作（PPP）项目绩效管理操作指引》，规范 PPP 项目全生命周期绩效管理工作，提高公共服务供给质量和效率，保障合作各方合法权益，实现制度化管理。政策应着重完善共性绩效指标框架，并逐步建立分行业、分领域、分层次的绩效指标体系，形成全生命周期绩效管理链条，硬化绩效责任约束。

（5）PPP 监管从顶层缺失着手基础构建

近年来，中央对 PPP 项目监管工作一直持续推进开展，但还未形成监管顶层立法及全面监管机制，尤其面临的最大问题是上位法的缺失。因此，在 PPP 上位法短期内难以出台，具体问题难以解决的情况下，PPP 监管工作重点应落在地方政府开展实质性 PPP 监管工作上。2019 年，全国多个省份通过采取财政监督、主体职责监管、联审机制等更加细化、可操作的举措，对 PPP 全流程或某一具体领域开展专项监管。2020 年，PPP 立法工作持续推进，地方政府也从实操层面继续注重全生命周期、动态化、专项化的监管。但是由于 PPP 监管机构设置不到位、职责不清等情况依然存在，未来有可能随着政策和法律的规范与出台，从地方到中央建立起一个完善的 PPP 监管体系。

（6）PPP 投资机构从多方参与到有限介入

合格的投资人是 PPP 落地和运行成功的关键因素之一。目前我国 PPP 市场上投资者可谓多方参与。伴随我国 PPP 的规范发展，在政策的不断约束下，PPP 投资人结构一定会不断优化，介入的社会资本投资方也会向合适和合格的方向转变。面对央企 PPP 业务大量收缩、政府融资平台参与 PPP 路径受限、合格财务投资人参与 PPP 较少、民企参与 PPP 积极性依旧不高的现状，可以预计，未来有望再出台相关配套政策重点鼓励和支持合格的财务投资人如 PPP 投资基金、保险资金等积极参与 PPP 投资，同时在民企融资难题上继续发力。但 PPP 投资人类型多而复杂，其遴选伴随 PPP 发展而不断优化，短期内依旧是难点。

（7）PPP 资产转让从不温不火到交易困难

在我国的 PPP 二级市场交易中，PPP 资产交易的基础逻辑本身就存在问题。此外，在财务和税收等方面存在的固有障碍，也不利于 PPP 资产的买卖和交易。如何建立 PPP 资产交易进出顺畅的交易机制还有待探索。虽然从 2017 年开始，国内就有诸家产权交易所围绕 PPP 二级市场交易，设立了 PPP 资产交易和管理平台，但是由于多方面因素影响，至今 PPP 二级市场上并未出现大量 PPP 资产交易的行为，也导致几年来 PPP 二级市场的不温不火。除非一个规范和透明的 PPP 一级市场已经建立，立法层面、政策层面和制度建设方面得到广泛的支持，市场也培育出了一批合格的 PPP 运营商、中介服务机构等各方专业机构，否则人们很难在 PPP 二级市场建立信心，PPP 资产的交易亦显得十分困难。

（8）PPP 融资创新从面上鼓励到基本停滞

在国内推进 PPP 项目资产证券化（asset-backed securities，ABS）和不动产投资信托基金（real estate investment trusts，REITs），不仅是为解决 PPP 项目融资难问题，促进 PPP 项目实施成功的重要创新举措，更是为推进 PPP 项目规范发展的重要支撑。然而与政策鼓励相反的是，在市场层面反应较为冷淡。从近些年来

PPP+ABS/REITs发行的产品数量来看，PPP项目融资创新还是非常有限的。所谓PPP项目融资创新，几乎变成昙花一现。在2020年中国PPP进入规范发展阶段以后，对PPP融资创新产品的推出，因为受前期巨大落差的影响，亦将基本停滞。特别是PPP+ABS/REITs发展若还想取得突破，不仅需要政府出台相应的政策扶持，还需要针对实施项目中出现的财务、税收问题，给予明确解决出路，包括出台税收支持政策，解决所得税双重征收问题，消除特许经营权转让以及产权、股权流动性的法律障碍等，否则一旦PPP+ABS/REITs在PPP项目融资方面比较惨淡，其他的融资创新就更会停滞。

（9）PPP生态环境从基本忽视到逐步重视

自2014年全国大力推广PPP模式以来，PPP项目所覆盖的行业、规模和数量实现了快速发展。在快速推广PPP模式的过程中，PPP市场上也出现了不同程度的问题和混乱现象，主要原因之一就是在我国PPP发展领域，缺乏健康的生态环境以及可持续发展的理念，而且相互影响也是极其复杂的。

1.3.4 PPP项目程序

1. 项目前期准备阶段

（1）项目发起

项目发起阶段工作主要是启动准备和前期调研：组建项目实施团队、制定具体工作实施方案、开展项目调查等。

实施PPP模式是一个系统工程，其复杂、专业程度极高。一是组建一个PPP项目实施团队，由市政府牵头，规划、建设、土地、发改、财政、审计、国资委、法制办等部门组成领导小组；二是制定具体工作实施方案，明确部门责任分工、目标任务和实施工作计划安排等；三是根据城市总体规划和近期建设规划，由政府组织相关部门或机构梳理城市基础设施领域拟新建项目和存量项目，决定可以通过PPP模式运作的具体项目清单，构建PPP项目库。

（2）项目准备

项目准备阶段工作主要是项目策划实施方案研究和编制：一是聘请顾问团队；二是项目协议；三是开展项目的前期论证，确定项目范围和实施内容（项目建设规模、主要内容和总投资）；四是前期沟通，研究项目模式，设计项目结构，编制项目实施方案；五是设计项目主要商业原则；六是财务分析，编制财务模型；七是确定投资人比选方式和原则（确定投资人应具备的条件和能力及招标方式；双方的主要权利和义务）；八是组织相关单位讨论方案；九是实施方案公示和报批。

在项目实施的最初阶段，需要考虑项目的可融资方式和财政是否负担得起，并要评估传统方式与 PPP 方式之间的效率比较，分析该项目是否适合采用 PPP 方式，拟定项目协议。

聘请专业咨询机构，负责研究项目模式，设计项目结构，编制项目实施方案，关键是设计项目主要商业原则，进行财务分析，编制财务模型。组织专家对项目实施方案进行论证，并报市政府批准和省住房和城乡建设厅备案。

2. 项目招投标实施阶段

（1）协议编制

细化研究协议文件编制：研究和分析项目的技术、商务边界条件（如投资、运营成本与收益测算，回购总价、回购期限与方式，回购资金来源安排和支付计划）；落实建设内容分工、投资范围（投资建设期限、工程质量要求和监管措施）；研究和编制项目协议等法律文件（项目移交方式及程序、项目履约保障措施、项目风险和应对措施等）；落实招标条件。

（2）竞争性程序

主要包括发布项目信息；投标人准备投标文件；制定评标标准、评标细则和评标程序；成立评标工作组，开标、组织评标；编写评标报告，推荐候选人；与候选人澄清谈判。

（3）签署协议

先草签项目协议，中标人在约定时间内办理好项目公司成立的有关事宜，资金到位，政府配合完成资产交割及项目审批有关事宜，正式与项目公司签约。

3. 项目实施阶段

（1）项目建设

首先，项目公司与各联合单位签订正式合同，包括贷款合同、设计合同、建设合同、保险合同以及其他咨询、管理合同等；其次，项目公司组织各相关单位进行项目开发。在开发过程中，政府及相关部门对项目开发的过程进行监督，出现不符合合同的情况及时与项目公司沟通，并确定责任主体。工程验收试运营合格以后，开发阶段结束，项目进入运营阶段。

（2）项目运营

政府与项目公司签订特许经营权协议，约定特许经营期限。在整个项目运营期间，项目公司应按照协议要求对项目设施进行运营维护。为了确保项目的运营维护按协定进行，政府、贷款人、投资者和社会居民都拥有对项目进行监督的权利。

4. 合同终结阶段

（1）项目移交

特许经营期满后，项目公司要将项目的经营权（或所有权与经营权同时）向政府移交。在移交时，政府应注意项目是否处于良好运营维护状态，以便保证项目的继续运营和服务提供的质量。

（2）项目公司清算

项目移交以后，项目公司的业务随之中止。因此，项目公司应按合同要求及有关规定到有关部门办理清算、注销等相关手续。

第 2 章　PPP 案例实践

2.1　国外 PPP 实践

2.1.1　国外 PPP 案例实践

PPP 模式在现代意义上的形成和发展，主要归于新公共管理运动中引入以社会资本积极参与为核心内容的公共服务供给领域的市场化改革。其自萌芽到成熟，不仅有赖于全球市场经济发展，更离不开各国政府的支持。有的国家，如英国、美国等，甚至建立专项基金支持 PPP 的发展，发布 PPP 程序、评估、监督的技术规范。在诸多国内外因素的共同促进下，PPP 逐渐发展为国际市场上多主体合作的一种重要项目运作模式。

国外 PPP 案例较多，本节从经营性项目、准公益性项目和公益性项目三个角度各选取成功与失败案例来进行分析。正如前文所述，经营性项目是采用使用者付费方式获得投资回报，准公益性项目则是采用政府购买+使用者付费方式获得投资回报，而公益性项目主要是采用政府购买方式获得投资回报。

国际上的成功 PPP 案例有英国塞文河第二大桥项目、法国西班牙跨国铁路项目、加拿大萨德伯里市污泥处理项目等。国际上的失败 PPP 案例有加利福尼亚州 91 号快速路、伦敦地铁项目、美国马萨诸塞州 3 号公路北段修缮扩建项目等。

1. 澳大利亚阿德莱德水务项目

（1）项目概况

该项目的实施目的在于缓解当地长期供水不足的问题，由当地市政府组织实施 PPP 招标工作，中标者为由威立雅环境集团等三家公司共同组成的联合水务公司。联合水务公司依照协议约定主要负责水务和污水处理相关的全部工厂、水网和污水管道的管理、运营和维护，以及基建工程项目的管理和交付、资产管理计划的实施等工作。此项目中具体包括 6 个水处理场，以及 4 个污水处理厂和污水再生利用场的建设与改造工作，服务人口约 110 万。

（2）运作模式

A. 项目管理

该项目重点分三部分：资产管理、基建工程管理及环境管理。在资产管理方面，合同规定，南澳大利亚水务公司可审计对方提供的资产管理计划，以确保收支平衡。管理计划由两公司协商规定，包含 1 年期、5 年期和 25 年期，最后由南澳大利亚水务公司对其可行性调整。在基建工程管理方面，设施的管理、运营和维护由联合水务公司负责。此外，双方起草了设计、招标文件以及相应的基建工程合同，在合同签订后，联合水务公司负责确保项目按时按预算完成。在环境管理方面，双方事先也做了明确规定，与此同时还共同起草完善了项目的环境管理计划。

B. 项目实施

由于得到了政府的大力支持，阿德莱德水务项目得以在相关设备和基础设施方面准备得较为充分，而且在技术研发方面和人力资源管理方面做了充足准备。在技术研发方面，联合水务公司同时与多所大学共同合作，并在阿德莱德设立了研发中心联合水务公司，在人力资源管理方面也取得了一定成绩，在改善员工生活水平的同时，还在公司内部形成了独特的企业文化。

C. 项目成果

通过引入费率合同和创新污泥处理措施，联合水务公司指标完成率超过 99%。且该项目的成功对于联合水务公司将业务扩展到更多国家和地区有着多方面的积极影响。在经济效益方面，PPP 模式不仅为公司节约成本 2 亿美元，同时为国家节约了近 4300 万美元，不仅如此，它还为南澳大利亚出口量创收做出了贡献。在社会环境效益方面，该项目先后引入控制体系和环境管理体系，对污水处理技术做出改进，为建立世界级的研发中心提供保证。

（3）借鉴价值

1）多了解 PPP 中心和咨询机构中对其他相似案例的总结，可以帮助项目最大限度地避免潜在问题的出现。

2）在 PPP 项目中对项目风险的合理分配要考虑到各方风险和收益的匹配性，这样才能实现风险的有效转移。

3）PPP 模式在水务部门的成功实施，可以达到三方面的作用：①实现财务平衡；②承担环保责任；③促进服务水平的提高。

4）PPP 模式通过竞争性的招标，可以向消费者提供的方案比政府提供的传统模式更加有效。

2. 坦桑尼亚达累斯萨拉姆供水和排污 PPP 项目

（1）项目概况

坦桑尼亚位于非洲东海岸，人口 4000 万，是世界上最贫穷的国家之一。在 20 世纪 90 年代，政府开始了一项自由化计划，其中包括国有企业重组、私人参与基础设施服务和剥离约 350 个半国营实体。

到 20 世纪 90 年代末，达累斯萨拉姆和该国其他地区的长期缺水、服务质量低下和不断下降以及未得到服务的家庭不断增加，使该国改善供水和卫生服务的压力越来越大，督促政府作出重大努力，改革政策环境，并建立一个促进更大问责制的体制框架。

1997 年，达累斯萨拉姆供水和污水管理局（DAWASA）成立，负责在达累斯萨拉姆、基巴哈、巴加莫约的大都市地区开发和运营供水与污水处理服务。多年来，用于维护和维修的资金不足，DAWASA 接管的基础设施需要修复。

2002 年，由于泄漏、未计量的连接和非法使用，大部分生产的水都损失了。在大多数地区，每周只提供几个小时和几天的服务。消费者喝到的水往往不安全。很多家庭从邻居、邮轮或其他供应商处购买水，他们为此支付的费率远远高于 DAWASA 的电价。

低工资使得 DAWASA 很难雇用和留住合格的工作人员。不到 10% 的城市人口使用下水道系统，20% 的城市人口使用化粪池，其余的依靠坑厕。大多数废水处理设施无法正常运行，矿井排空服务不足。该市定期暴发霍乱和其他水传播疾病。

（2）运作模式

在与私营公司进行了六年的谈判和两次投标失败之后，根据世界银行的建议，2002 年 7 月，部门改革委员会发出了第三次投标申请，要求实施一份 PPP 租赁合同，经营该市的水资源。由于诺森伯兰水务集团已经在第二次招标过程中退出，Saur Internationle 和 Vivendi Environment（2003 年成为威立雅环境集团）也在第三次招标前不久退出，因为他们对合同的修改请求被驳回，这使得 Biwater Gauff（Tanzania）Limited（BGT）成为唯一的投标人。BGT 是英国 Biwater International 和德国工程公司 HP Gauff Ingenieure 的合资公司，Biwater 持有 80% 的股份，Gauff 持有 20% 的股份。

虽然世界银行项目组对 BGT 提案的财务合理性及其满足业绩预期的能力表示关切，交易顾问对此表示怀疑，但世界银行对授予合同没有异议。BGT 和坦桑尼亚投资者 Super Doll Trailer Manufacturing Company Limited（STM）随后成立了运营公司 City Water Services Limited（CWS）。根据与 DAWASA 签订的租赁合同，CWS 在坦桑尼亚最大的城市提供供水和污水处理服务。

根据合同，CWS 有义务提供供水和排污服务，并在其指定的运营商区域内维护资产。DAWASA 仍然负责资本投资的融资和实施。该项目主要通过外部贷款提供资金，CWS 出资 850 万美元。

（3）出现的问题

CWS 的优先事项有两个：首先，它需要增加收入；其次，它需要更新城市的基础设施，并在前三年将水资源损失从估计的 70% 减少到 44%。由于用户的电价上调是不可行的，该公司的目标是减少未计入的水的数量，将新客户接入网络，并恢复暂停客户的账户。

由于大约一半的客户被认为是不付费的，该公司开始引进一个新的客户数据库和新的计费软件。CWS 继承的客户数据库包括 11.5 万个注册账户，但其中许多账户已不活跃，或是为了避免支付欠款而设立的重复账户。据估计，活跃的和潜在的计费人只有 22 000 ~ 25 000 人。有成千上万的非法连接不在数据库中，将客户参考号与连接匹配起来比预想的要困难，在清理客户数据库方面只取得了有限的进展。

计费软件系统直到 2005 年 3 月才完成，甚至在那时也远远达不到要求，随后被更换。除了软件惨败，根据货物采购（procurement of goods，POG）分包合同，该公司被要求购买约 17 万个水表。

该公司在 2004/2005 年度的月平均收款额仅为预测值的 52%，比 2002/2003 年度 DAWASA 的平均月收款量低 21%。截至 2005 年 5 月，政府拖欠给排水服务的款项达 150 万美元。CWS 无法利用政府的担保付款，因为许多账单存在争议，无法核实。这家公司违反了租赁合同规定的一些义务。它没有定期向 DAWASA 支付租赁费，定期扣缴出租人的电费以支付自己的运营成本，也没有将首次上网电价存入该项目的账户。截至 2005 年 3 月，其累计损失约为 1230 万美元，已聘请一名调解人协助双方修改合同。由于政府不愿意延长 CWS 的合同期限，CWS 的附加合同期限将延长五年，除非政府愿意延长 CWS 的合同期限。但该公司坚持不向更高的目标付款。

2005 年 5 月，DAWASA 发出了终止合同的通知。由于担心 CWS 在财务上无法继续运营，服务即将中断，DAWASA 要求 CWS 配合快速过渡。CWS 不同意终止合同，面对公众对私人参与的支持率下降以及选举迫在眉睫，水务部长决定结束僵局。在不到两年的时间里，该公司的外籍经理戏剧性地被驱逐出境，这一合同宣告破裂，随后进行国际仲裁。

2005 年 6 月，私营运营商达累斯萨拉姆供水和污水处理公司（Dares Salaam

Water and Sewerage Company，DAWASCO）在 2005 年 6 月接管了这些服务的运营，并遇到了许多与 CWS 相同的限制。尽管 2006/2007 年度有新的财政注资，提高了运营者的关税，但其财务业绩不尽如人意，前两年的经营业绩也很差。五年后，财务业绩有所改善，但仍需取得进一步进展。

（4）借鉴价值

A. 与潜在客户协商并为低收入群体提供服务

在供水设施的周转期间，需要特别注意对用水信息的有效管理，因为管理的重点是全系统地恢复、减少水损失和整体的商业绩效。

B. 既得利益

在引入文化变革和使用绩效激励及其他控制措施以消除非法行为与提高效率方面的经验，应该是雇佣扭转不良供水和排污设施的管理人员（无论是公共还是私人）的先决条件。

完成一次全面的客户调查，并采用收费核查系统，使管理层能够控制寻租行为，是提高水务公司业绩的战略的优先事项，不容忽视。

监管框架和所选管理模式应相互一致。如果监管机构承认租赁合同是监管框架的一个基本要素，并认可合同的费率调整和其他监管条款，则独立监管可以与租赁合同模式保持一致。包括监管机构认可的预先规定的修改关税的方法也可以降低监管风险。

许多监管和 PPP 专家认为，在租赁合同框架内，监管机构应设定或批准总体客户费率，而不是运营商费率，运营商费率应由资产控股公司（出租人）和运营商（承租人）协商确定。这与经营者是资产持有人的附属公司的原则是一致的。

C. 监控操作员的绩效

如果没有严格的数据报告和有效的信息管理系统来执行业绩标准和指导管理决策，供水和排污服务的业绩不可能改善。

审计和影响调查的设计应能产生有意义的数据与分析，供管理人员和规划师使用。当国家统计局进行影响调查时，有经验的供水专业人员的参与将提高结果的质量，并有助于建设地方能力。

该案提出了一些令人信服的问题，包括公私合作伙伴关系的准备、选择过程、合同中的风险分配、对财务可行性和服务改进的期望、私营运营商离开以来一直存在的公司合作关系的有效性，以及如何构建机构关系确保问责制的实现。

2.1.2 国外案例对于中国开展 PPP 的启示

通过国际 PPP 项目的开展情况、运作模式、融资模式及相关案例的分析，可以得出对中国开展 PPP 的启示。

1. 合理的风险共担机制

对任何一个 PPP 融资项目来讲，风险存在于项目设计、建设、运营管理的全过程。政府部门和私人部门都需要充分了解项目风险，在项目伊始便应最大可能地预测未来风险并提出应对方案。对于不可预知的风险需要设定相应的调节机制。

政府和私人资本对风险分担的重要原则是将风险分配给最有能力承担且能产生最大项目效益的一方，因为它最能控制该风险。总体上，政府部门应该主要承担法律风险、政策风险、最低需求风险等；而私人部门应主要承担项目设计、建造、财务和运营维护风险；不可抗力等风险由政府和社会资本合理共担。对于投资量大、运营周期较长的项目，随着基础设施老化，私人部门运营困难也在逐步加大，因此需要在项目运作过程中完善一些具体问题，如风险转换、议价的透明度，政府部门对于私人部门承担的风险如何补偿或补偿多少。

PPP 项目运营周期长，其间难免会遇到各种难以预见的问题，即不可抗力风险。若问题得不到有效解决，容易导致项目的最终失败。在必要的时候，政府和私人部门需要对风险分配进行合理调整，共同解决收入低于预期、融资难等问题。因此灵活的变通机制是 PPP 项目成功的必要因素。在变通的过程中，政府和社会资本需始终保持高度的合作诚意，共同努力解决问题。例如，英吉利海峡隧道连接铁路项目，中途就经历了乘客流量低于预期的问题，项目公司收入难以支持项目融资。后来通过各方的重新谈判，进行了多次重组，该项目才最终得以保留。

2. 公平的利益分配机制

PPP 模式比较复杂，涉及多方利益，协调利益分配是实施 PPP 项目的关键。公私双方不仅要充分协商，就特许经营合同中的利益分配问题达成共识，以规避合作过程中因利益分配不均而产生的风险，而且要能够提出让彼此均认可的利益分配方案，这是促进 PPP 项目双方积极合作的原动力。如果收益分配结构不当，就会损伤合作双方的积极性，从而导致项目合作破裂。

利益分配机制设计好后，还需要政府和私人部门签订完善的协议来约束双方行为。同时，法律层面还需要制定完善的法律、法规保障私人部门利益。PPP 项目通常前期投资额高，回报周期长，影响项目的因素多，收益不确定性大。如果没有相应法律法规保障私人部门利益，PPP 模式难以有效推广。通过立法等形式，对私人部门利益予以保障，才能吸引更多社会资本进入。

3. 契约精神

政府重合同、守信用的契约精神是 PPP 成功的关键，是消除社会资本顾虑的首要条件。

所谓契约精神是指商品经济所派生的契约关系及其内在原则，是一种平等、尚法、守信的品格，其主要特征除了表现为选择缔约方的自由，还隐含着契约各方的地位平等。PPP 项目需要政府与企业长达十几年甚至数十年的合作，政府要树立契约精神，严格按契约规则办事。国外很重视 PPP 合同范本的制定，监管有效与否的关键在于合同规定的明确程度，在特许权协议中详尽规定应承担的责任与义务、风险应对及违约处理事项，强化涉及公私方的利益条款，一旦出现问题可依章办事。

PPP 模式若要成功推进，政府必须建立透明公开、可预期的政策制度安排，重合同、守信用、契约精神是 PPP 模式的最佳环境。

4. 政府监管

政府监管也是政府和私人部门合作关系中的重要内容。伦敦地铁项目失败原因之一便是政府监管不力。由于私人部门在运营方面有先天的信息优势，在项目需要进行重大调整（如改变融资结构）时，政府部门往往面临信息不对称的尴尬境地。因此要求政府必须在全项目周期对其进行监管，以掌握项目运营信息。此外，由于 PPP 项目提供的是公众产品和公众服务，而资本的天性是逐利，这也要求政府通过监管来督促私人部门提高服务水平。

监管方式可以是直接进行监管（包括聘请第三方专业机构进行监管），也可以通过绩效考核的方式进行监管，如根据私人资本提供的服务水平来决定补贴金额等。监管需要政府对项目的实际运营具有一定参与，了解项目运营情况、遇到的困难，从而对政府的管理和专业水平提出更高的要求。需要加快职能转变，从以往与私人部门合作中的主导地位退出，减少对微观事务的干预，腾出更多的精力放到规划和监管上。

5. 确保私人部门盈利但不暴利

确保私人部门的利益是吸引投资者的关键，政府部门一方面要保持项目回报率的吸引力，另一方面要考虑到整体回报率不能过高。

在纯公益性项目或准公益性项目中，由于没有收入或收入不能弥补投入成本，政府应该给予私人部门以补贴；在项目之初，政府部门和私人部门会对收益有预期，当实际运营中收益不达预期时（如法西高铁项目），政府部门应按承诺给予补贴。

政府部门应通过相应机制设计约束私人部门的过高收益。私人部门过高收益体现在运营中获得超额收益：如果是由于补贴标准过高，应适当调低补贴金额；如果是由于运营商提高生产效率，可以允许其享受 3～5 年的超额收益以作为提高生产力的奖励。过高收益还体现在存量项目的溢价转让，导致使用者付费价格面临上调压力，从而侵害公众利益。政府部门应制定相关约束条件限制存量项目的溢价转让。

6. 设立国家 PPP 基金

PPP 基金可以通过债权、担保、股权等形式，为难以获得市场融资的 PPP 项目提供资金支持，在项目条件改善后择机退出。亚洲开发银行已经资助印度、印度尼西亚、菲律宾等国家成立 PPP 基金和项目开发基金，积极分享成立与运营 PPP 基金和项目开发基金的国际经验。PPP 基金的主要作用是通过股权投资，解决项目初期遇到的资金难题，同时起到撬动社会资本的作用。PPP 基金的另一重要作用是寻找适合的 PPP 项目。因为在多数情况下，一个国家的社会资本量是非常充裕的，资金并不是难题，难题在于缺乏可行的 PPP 项目。在条件和时间成熟时，还可以考虑设立地方 PPP 基金。

7. 创新融资工具

PPP 参与各方之间实现公平有效的风险分担和利益共享还需要完善的金融体系及丰富的融资工具予以支持。由于 PPP 项目的债务率较高（一般在 70%～90%），融资工具的便利性和丰富程度也是影响 PPP 项目成功与否的重要因素。目前国际运用较为广泛的融资工具主要还是银行贷款（含银团贷款），但也有部分项目尝试采用多种融资工具，包括利用资本市场发行债券（含企业发债和政府发债），以及引进追求长期稳定回报的资金，如养老基金、保险资金和社保基金等。结合中国的实际情况，可以采用以下融资工具：①利用传统的商业贷款以及国家开发贷款等。②申请发行地方政府债券。③项目公司发行公司债券、企业债券、中期票据等中长期公募债券；发行项目收益债券；发行定向融资工具等非公开发行债券。④项目建成并运营后，在稳定现金流可期的情况下可以考虑资产证券化。⑤引入养老基金及保险基金等追求长期稳定收益的资金。目前已有的险资参与基础设施建设的形式主要为债权投资计划，未来还可以研究新的参与形式，如参与联合体的组建以股权方式进入 PPP 领域、参与设立 PPP 基金、购买与 PPP 项目相关的各种公司债券/地方政府债/资产证券化等。

2.2 国内 PPP 实践

2.2.1 国内 PPP 实践历程

20 世纪 80 年代中期，随着我国经济发展对城市等基础设施发展的需求，政府投融资体制改革，PPP 这种公共设施的融资模式和管理方式被引入我国，并随着相关政策文件出台，PPP 模式的发展日渐成熟。根据国家经济发展政策、地方政府选择社会资本的偏好和动机、地方政府的能力和信用以及基于制度、政治、文化、经济和其他偶然因素等路径依赖的结果，大体上可以将 PPP 在我国的发展分为以下几个阶段。

（1）1984～1993 年：初期探索阶段

1984 年我国成功实施的第一个 BOT 项目——深圳沙角 B 电厂项目引发了政府、社会资本等各方对 PPP 的研究。早期项目还有广州白天鹅饭店和北京国际饭店等。此阶段各级政府尚未出台相应政策，PPP 项目没有公开招标环节，主要由国外社会资本方发起。

（2）1994～2001 年：试点开展阶段

在党的十四大将市场经济体制作为我国经济改革的目标之后，经济发展速度和改革开放进程加快，此阶段对外商投资的需求高涨。在此种情况下，1994 年，我国开始进行政府投融资体制改革，国家计划委员会、建设部先后颁布政策文件鼓励社会资本与政府部门合作建设公共基础设施，主要内容侧重于外商投资特许权项目或与之有关的若干事宜，发布的规章或规范性文件的主旨在于引进外商投资。例如，对外贸易经济合作部于 1994 年出台的《对外贸易经济合作部关于以 BOT 方式吸收外商投资有关问题的通知》，国家计划委员会于 1995 年颁布的《关于试办外商投资特许权项目审批管理有关问题的通知》、于 1999 年颁布的《国家计委关于加强国有基础设施资产权益转让管理的通知》，建设部于 2000 年颁布的《城市市政公用事业利用外资暂行规定》。

1995 年，国家计划委员会选择了广西来宾 B 电厂、成都第六水厂、广东电白高速公路、武汉军山长江大桥和长沙望城电厂 5 个项目试点 BOT 模式。此外，一些地方政府也推出了一些 PPP 项目，涉及电力、自来水、环保、燃气、大桥、区域开发等城市基础设施领域。在此期间，我国掀起了第一波 PPP 热潮，虽然有些 PPP 项目尚未成功，政府立法也没有成功，但是为后来 PPP 模式的推广奠定了良好的基础，对中国式 PPP 的规范、专业化及本土化进行了非常有益的尝试，如在市政公用事业领域试水特许经营模式等。

（3）2002～2013 年：稳步发展阶段

进入 21 世纪后，经济的高速发展对城市的基础设施建设提出了较高的要求，而融资是各级政府加快建设城市基础设施面临的共同难题。这时，除了国家发展和改革委员会、财政部，其他如建设、交通、环保、国资等行业主管部门，以及包括地方政府在内的各部门纷纷出台政策，鼓励私人资本进入公共设施和服务的供给体制中。建设部于 2002 年和 2004 年分别出台了《关于加快市政公用行业市场化进程的意见》和《市政公用事业特许经营管理办法》，鼓励社会资本采取合资合作、独资等多种形式，参与市政建设；将特许经营的概念正式引入市政公用事业，并在城市供水、环保处理及燃气供应等领域发起大规模的项目实践。在此基础上，国务院于 2005 年颁布并实施了“国 36 条”，再次明确“允许非公有资本进入公用事业和基础建设领域”。各级地方政府也纷纷以上述国务院和建设部文件为基础，结合地方实际，先后出台大量地方性法规、政府规章及政策性文件，用于各自行政辖区范围以内的特许经营项目开发的引导和规范。此阶段各地的 PPP 项目大量上马，包括环保处理、自来水、地铁、开发区、燃气、路桥建设等领域，且大部分项目是成功的，如北京地铁 4 号线项目、合肥王小郢污水处理厂 PPP 项目，但也有项目因为各种缘由未达到预期目标。自此，我国 PPP 进入第二轮发展高潮。

但此阶段的后期，合作方之间未在 PPP 项目中形成共同的目标，加之地方融资平台的扩张，PPP 项目数量出现回落，甚至有些执行中的项目被政府提前终止。虽然 2010 年国务院出台“新国 36 条”，但社会反响并不明显，PPP 的发展处于调整停滞状态。

（4）2014～2018 年：快速发展阶段

随着我国经济新常态的出现，财政收入增速明显下降。落实城镇化所需要的投资巨大，地方债务导致地方膨胀率提高，土地财政难以维持，长期以国有资本为主的公共基础设施项目投资效率偏低问题也较为突出。在此种情况下，深化经济体制改革和控制地方政府债务规模迫在眉睫。2014 年《国务院关于加强地方政府性债务管理的意见》（图发〔2014〕43 号）和 2018 年《中华人民共和国预算法》出台之后，为了提高公共产品的供给质量与效率，党的十八大提出允许社会资本通过特许经营等方式参与城市基础设施投资和运营的要求。为适应经济新常态环境下的公共产品供给改革要求和落实党的十八大的决定，各部委连续发布了一系列行政法规、政府规章和规范性文件，推动了政府与社会资本合作项目，掀起了新一轮 PPP 热潮。

国务院于 2014 年出台了《国务院关于创新重点领域投融资机制鼓励社会投资的指导意见》（国发〔2014〕60 号），2015 年颁布了《国务院办公厅转发财政部 发展改革委 人民银行关于在公共服务领域推广政府和社会资本合作模式指导意见的通知》（国办发〔2015〕42 号）；国家发改委在 2014 年发布了《国家发展改革委关于开展政府和社会资本合作的指导意见》（发改投资〔2014〕2724 号），并发布了 2014 年版的《政府和社会资本合作项目通用合同指南》，2015 年再次发布《关于推进开发性金融支持政府和社会资本合作有关工作的通知》（发改投资〔2015〕445 号）；2016 年国务院办公厅发布了《国务院办公厅关于进一步做好民间投资有关工作的通知》（国办发明电〔2016〕12 号）、中共中央、国务院发布了《中共中央 国务院关于深化投融资体制改革的意见》（2016 年 7 月 5 日）；财政部作为推动公私合作的主导，也在 2014 年发布了《财政部关于推广运用政府和社会资本合作模式有关问题的通知》（财金〔2014〕76 号）、《关于印发政府和社会资本合作模式操作指南（试行）的通知》（财金〔2014〕113 号），并于 2015 年发布了《关于实施政府和社会资本合作项目以奖代补政策的通知》（财金〔2015〕158 号）、《关于进一步共同做好政府和社会资本合作（PPP）有关工作的通知》（财金〔2016〕32 号）、《关于在收费公路领域推广运用政府和社会资本合作模式的实施意见》（财建〔2015〕111 号）。除了中共中央、国务院和各部委的相关政策性文件之外，出于融资的动机，一些地方政府也对 PPP 模式抱有极大热情，如河南省人民政府就在 2014 年出台了《河南省人民政府关于推广运用政府和社会资本合作的模式的指导意见》（豫政〔2014〕89 号），对地方探索进行了指引和规范。由于政策制定主体的多元化和多层次，各部委办之间以及中央与地方之间追求的政策目标各不相同，如国家发展和改革委员会、财政部的 PPP 政策文件从内容上来看重心不同，导致政策之间的协调性不足。

在政策的指引和规范下，目前我国的 PPP 项目覆盖了能源、交通运输、水利建设、生态建设和环境保护、市政工程、片区开发、农业、林业、科技、保障性安居工程、政府基础设施建设等 19 个行业。据统计，截至 2016 年 6 月末，全国 PPP 全部入库项目 9285 个，总投资额 10.6 万亿元。其中，市政工程、交通运输、片区开发 3 个行业项目数和投资额均居前 3 位。市政工程以 3241 个项目、总投资额 2.8 万亿元位居榜首，涉及环保处理、市政道路、供水、垃圾处理、轨道交通等领域。从全国情况来看，一大批 PPP 项目签约实施，落地投资规模超万亿元，一个统一规范、公开透明、竞争有序的 PPP 市场正在逐步形成，成为我国经济改革和稳定发展的重要保障。

（5）2019 年至今：逐步规范阶段

2017 年 12 月财政部印发《关于规范政府和社会资本合作（PPP）综合信息平台项目库管理的通知》，对 PPP 入库项目整顿清理，纠正 PPP 泛化滥用现象，进一步推进 PPP 规范发展；2018 年 3 月财政部发布《关于规范金融企业对地方政府和国有企业投融资行为有关问题的通知》，对资本金审查、PPP 项目进一步进行规范。监管部门频繁出台了一系列针对地方政府债务及 PPP 模式管理政策，PPP 模式规模下降。随着监管环境的逐步稳定，国家各部委对 PPP 模式的不断规范和完善，PPP 模式已成为政府基建投融资的常态化工具之一，也为政府投融资体制的其他创新模式提供了支持。2022 年 5 月 31 日，水利部发布《关于推进水利基础设施政府和社会资本合作（PPP）模式发展的指导意见》（水规计〔2022〕239 号），加大水利投融资创新力度，积极为推进水利基础设施政府和社会资本合作（PPP）模式发展做出明确部署，水利基础设施 PPP 项目建设迈上新的台阶。

2020 年我国基础设施领域资金需求约 42 万亿元，一半由政府解决，一半引入社会资本。根据光大公用环保研究 2020 年数据显示，2019 ~ 2020 年，我国 PPP 项目中生态环保类项目总量保持稳健的增长态势，落地率也逐步攀升至 2020 年 3 月的 67%，呈现出良好的发展态势。

据《全国 PPP 综合信息平台管理库项目 2021 年报》，2021 年我国签约落地 PPP 项目 592 个、投资额 13 163 亿元。2014 年以来，累计签约落地项目 7683 个、投资额 12. 8 万亿元。截至 2022 年，全国已入库项目 10 239 个，入库项目金额 161 986 亿元。

2. 2. 2 国内（除北京外）PPP 实践案例

1. 合肥市王小郢污水处理厂项目

（1）项目概况

合肥市王小郢污水处理厂是安徽省第一座大型城市污水处理厂，也是当时全国规模最大的氧化沟工艺污水处理厂。项目分两期建设，日处理能力合计 30 万 t，建设总投资约 3. 2 亿元。污水处理厂建成后曾获得市政鲁班奖，是建设部指定的污水处理培训基地和亚洲开发银行在中国投资的“示范项目”，为巢湖污染综合治理发挥了重要作用。2001 年，安徽当地某环保公司曾写信省政府和市政府，要求政府出于扶持本地企业发展的目的，将王小郢污水处理厂以高于评估价的一定价位直接出售给它，同时还许诺将在未来几年投资兴建更多的污水处理厂。2001 年 6 月，该公司曾与政府签订了王小郢经营权收购合同，当时的条件是转让款 3.5 亿元，污水处理费单价约 1 元/t，后来由于融资及其他方面的问题，该环保公司收购王小郢污水处理厂经营权未果。2002 年 9 月，国家计划委员会、建设部、国家环境保护总局等多部门联合印发了《关于推进城市污水、垃圾处理产业化发展的意见》；12 月，建设部发布了《关于加快市政公用行业市场化进程的意见》，允许外资和民资进入市政公用领域。合肥市政府抓住这一机遇，作出了“市政公用事业必须走市场化之路、与国际接轨”的重大决策，决定把王小郢 TOT 项目作为市场化的试点。

（2）运作模式

A. 项目结构

经公开招标确定的中标人依法成立项目公司。合肥市城乡建设委员会（以下简称建委）与项目公司签署《特许权协议》，代表市政府授予项目公司污水处理厂特许经营权，特许期限 23 年；合肥城建投资控股有限公司（以下简称城建投资）与项目公司签署《资产转让协议》，落实项目转让款的支付和资产移交事宜；市污水处理管理处与项目公司签署《污水处理服务协议》，结算水费并进行监管。

项目结构如图 2-1 所示。

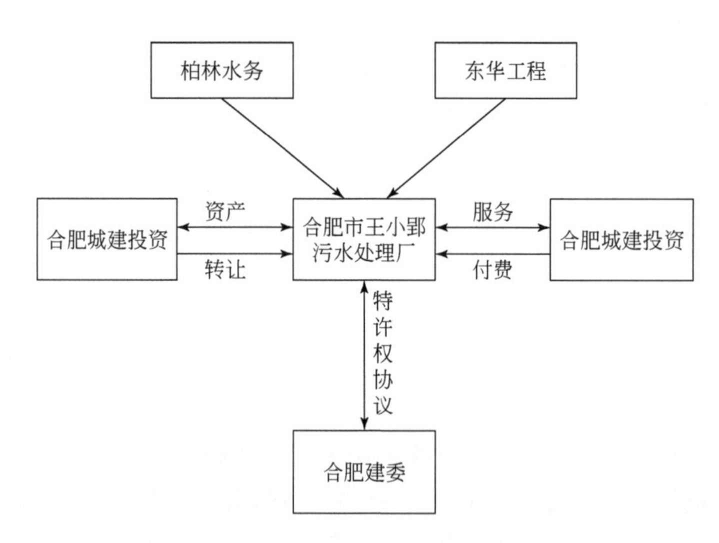

图 2-1　合肥市王小郢污水处理厂项目结构

B. 交易过程

a. 运作组织

2003 年，合肥市成立了由常务副市长任组长、各相关部门负责人为成员的招标领导小组，并组建了由市国资委、建委、城建投资及相关专家组成的王小郢

TOT 项目办公室，负责具体工作。合肥市产权交易中心作为项目的招标代理。

b. 运作方式

项目采用 TOT 模式，通过国际公开招标转让王小郢污水处理厂资产权益。特许经营期（23 年）内，项目公司提供达标的污水处理服务，向政府收取污水处理费。特许经营期结束后，项目公司将该污水处理厂内设施完好、无偿移交给合肥市政府指定单位。招标文件中确定特许经营期的污水处理服务费单价为 0.75 元/t，投资人投标时报出其拟支付的资产转让价格。评标时采用综合评标法，其中资产转让价格为重要考虑因素。

c. 运作过程

2003 年 9 月，合肥市产权交易中心网站和中国产权交易所网站、中国水网网站、《中国建设报》、《人民日报》（海外版）等媒体同时发布了王小郢污水处理厂项目的招标公告。同月，合肥市产权交易中心发布《资格预审公告》，共 7 家单位提交了资格预审申请文件，经专家评审，确定 6 家通过并向其发售招标文件。随后，转让办公室组织召开了标前会议，并以补充通知的形式对投标人的问题进行了多次解答。

2004 年 2 月，王小郢污水处理厂项目在合肥市产权交易中心开标，共有 4 家单位提交了投标文件。开标结果，对转让资产权益报价最高的是德国柏林水务-东华工程联合体，出价 4.8 亿元，其次是天津创业环保集团股份有限公司出价 4.5 亿元，中环保-上实基建联合体出价 4.3 亿元，名列第三。所有投标单位的投标报价公布后，合肥市常务副市长在开标现场宣布王小郢污水处理厂资产权益转让底价为 2.68 亿元。

开标后，招标人聘请技术、财务、法律等相关方面资深专家组成评标委员会，对投标文件进行评审，合肥市纪律检查委员会全程监督。最终，评标委员会经评审后，向招标方推荐德国柏林水务-东华工程联合体为排名第一的中标候选人。

3 ~ 5 月，政府与德国柏林水务-东华工程联合体澄清谈判并达成一致，向其发送中标通知书。7 月，政府与投资人草签项目协议。

7 ~ 11 月，双方代表成立移交委员会，进行性能测试和资产移交；政府与项目公司正式签署项目协议。

12 月，王小郢污水处理厂顺利实现商业运营。

截至 2014 年底，项目公司运营王小郢污水处理厂已超过十年。在此期间项目运营顺利平稳，污水处理厂的技术实力和财务实力不断增强，政府与项目公司签署的各项协议执行良好，政府与投资人合作愉快，PPP 项目经受住了考验。

C. 关键问题及处置

a. 污水处理厂所在土地的提供方式

本项目中原规定采用土地租赁的方式向投资人提供王小郢污水处理厂的土地，但由于项目特许经营期为 23 年，超过了我国法律对租赁期限最长 20 年的规定；同时，根据我国土地相关法律法规，地上附着物、构筑物实行“房随地走”的原则，租赁土地上的房屋和构筑物难以确权。最终经谈判，中标人同意在不调增水价的前提下，自行缴纳土地出让金，由政府向其有偿出让污水处理厂地块。

b. 职工安置

已建成项目的职工安置是一个敏感而重要的问题，如果解决得不好，将影响项目招商进展或给项目执行留下隐患。本项目在招标实施前期就对职工安置做出了稳妥的安排。资产转让前，就资产转让的事项征求了职工代表大会的意见，职工安置方案经职工代表大会通过。同时，在招标文件中对投资人提出明确要求，资产转让后必须对有编制的职工全员接收并签订一定年限的劳动合同，保障了职工的切身利益。

c. 利率风险

投资人在谈判中提出要把利率变化的情况归入不可抗力的范围内，降低项目公司的风险。但考虑到项目采用市场化方式运作，应尊重市场化的规律，谈判小组没有接受投资人的这一要求，利率变化的风险仍由项目公司自行承担。

（3）借鉴价值

A. 规范运作和充分竞争实现项目价值最大化

王小郢项目整个运作过程规范有序，对潜在投资人产生了很大的吸引力，实现了充分的竞争。开标现场所有投标人的报价均远超底价，最高报价接近底价的 1.8 倍。这个项目是当时国内公开招标的标的额最大的污水处理厂 TOT 项目，开创了污水处理 TOT 运作模式的先河，招标结果在中国水务行业内引起轰动。与 2001 年准备转让给当地公司的条件相比，无论是资产转让款还是污水处理服务费单价，招标竞争的结果都远远优于当时的项目条件。同时，从引入投资人的实力和水平来看，柏林水务是世界七大水务集团之一，拥有 130 多年运营管理城市给排水系统的经验。通过招标，合肥市既引进了外资，又引入了先进的国际经验，同时还实现了国有资产的最大增值，为合肥市城市建设筹措了资金。

B. 充分的前期工作保障项目有序推进

合肥市政府对王小郢项目非常重视，成立了专门的决策和工作机构，并聘请了高水平的顾问团队。整个团队在研究和确定项目条件，落实前期各项工作等方面投入了很多精力，做了大量扎实的工作，避免出现“拍脑袋”决策的情况。

从项目实施结果看，前期工作准备得越充分，考虑得越周全，后面的项目推进效率就越高，项目实施结果就越好。

C. 合理的项目结构与合同条款确保后期顺利执行

王小郢项目的结构设计对接了国际国内资本市场的要求，符合水务行业的一般规律，得到广大投资人的普遍认可。项目合同中规定的商务条件、对权利义务和风险分配的约定比较公平合理，协议条款在执行过程中得到了很好的贯彻，为项目顺利执行奠定了基础。

D. 践行契约精神对 PPP 项目的执行至关重要

王小郢项目迄今已运作十年，在此期间，政府每月及时足额与项目公司结算水费，严格按照法规和协议要求进行监管，并按照协议规定的调价公式对水价进行了四次调整（十年累计上涨不超过 0. 25 元/t）。此外，双方还参照协议精神完成了提标改造等一系列工程。合肥市政府和项目公司对契约精神的践行保障了项目的长期执行。

2. 张家界市杨家溪污水处理厂项目

（1）项目概况

为加强城市环境基础设施建设，保护好区域生态环境，更好地促进地方经济发展，张家界市政府决定采用 BOT 方式投资、建设、运营张家界市杨家溪污水处理厂，并授权张家界市永定城区污水处理厂项目建设指挥部负责该项目实施工作。

杨家溪污水处理厂是湖南省政府列入全省污水处理设施建设三年行动计划、2008 年必须开工、2009 年必须建成的污水处理项目，也是张家界市 2008 年 17 个重点建设工程之一。该项目污水处理规模近期为 4 万 m^3/d，远期为 8 万 m^3/d，总投资 6700 万元。杨家溪污水处理厂位于西溪坪老火车站东侧，占地 40 余亩①，污水处理工艺采用成熟的 A2/O 处理工艺，污水出水水质符合《城镇污水处理厂污染物排放标准》（GB 18918—2002）城镇污水处理厂污染物排放标准中的一级 B 标准。

张家界市永定城区污水处理厂项目建设指挥部通过公开招标方式选择湖南首创投资有限责任公司为该项目投资人，由其在张家界市注册成立项目公司融资、建设、运营和维护项目设施，在特许经营期限内提供污水处理服务获取污水处理服务费，并在特许经营期届满后将项目设施无偿完好移交给政府方或其指定机构。

---

① 1 亩≈666. 67m^2。

项目于 2008 年 6 月开始进行公开招标，7 月完成特许经营协议谈判，8 月正式完成签约，9 月开始进行设计优化和前期准备工作，2008 年底正式开工并于 2009 年底前完工进入试运营阶段。项目于 2010 年 5 月通过环保验收正式商业运行。

（2）运作模式

张家界市杨家溪污水处理厂采用 BOT 方式进行建设、运营和维护。由湖南首创投资有限责任公司 100% 出资成立张家界首创水务有限责任公司负责项目的具体运营（图 2-2）。张家界市人民政府授权张家界市住房和城乡建设局与张家界首创水务有限责任公司签署了《张家界杨家溪污水处理厂 BOT 项目特许经营协议》，就特许经营、项目的建设、运营、维护、双方的权利义务、违约责任、终止补偿等内容进行约定。

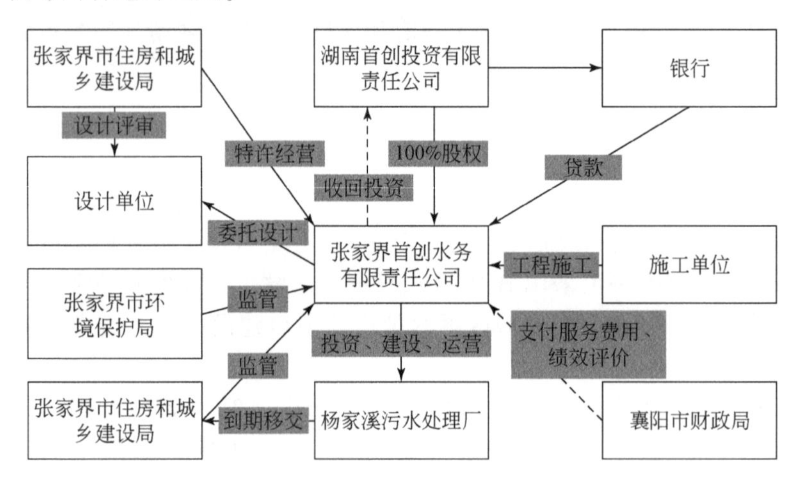

图 2-2　张家界市杨家溪污水处理厂项目结构

张家界市环境保护局现为张家界市生态环境局

A. 特许经营的形式

通过 BOT 方式引入社会资本，由社会资本投资建设并运营本项目，经营期限届满后将污水处理设施无偿移交政府或政府指定的接收单位。

B. 特许经营的范围

在特许经营期内投资建设、运行张家界市杨家溪污水处理厂（不含管网资产），处理政府提供的污水，收取污水处理服务费。厂区红线范围外的为项目建设与运行所需的市政配套设施（包括道路、上水、供电）以及污水收集管网系统建设由张家界市政府负责，不包含在项目范围内。

C. 特许经营的期限

本项目的特许经营期限为 25 年。

D. 计量及价格机制

由于运营期内污水处理量存在不确定性，本项目通过设计基本水量的方式为政府方和社会投资人有效分担该风险。水量不足时政府方应就基本水量支付基本污水处理服务费，污水处理厂的实际处理水量超过基本水量，超额水量部分按60%付费。项目每两年根据人工、电费等成本变动进行调整。政府方应履行必要的审核、审批程序并在一定时间内给予答复。

E. 终止后补偿

因政府方或者项目公司自身的原因引起特许经营协议终止，双方需各自承担相应的责任，对另一方作出补偿；由于自然条件引起的不可抗力事件导致协议终止，双方的损失应各自承担；由于政策、法律法规等引起的协议终止，政府方承担补偿项目公司损失的责任。

（3）借鉴价值

张家界市杨家溪污水处理厂项目主要目标是引入社会资本的资金以及先进技术和管理经验，提高污水处理服务的质量和效率，推进污水处理市场化改革。从目前来看，这一目标基本达到。总结经验，有如下方面可供借鉴。

A. PPP 项目实施需要营造公开透明的政策环境，建立协调机制，规范化操作

首先，政府成立了市级层面的项目建设指挥部，保障政府和社会资本合作积极稳妥推进。在指挥部推动下，项目的招标和谈判更加透明、决策更加科学民主，协调各职能部门更加高效。

其次，政府聘请专业咨询机构提供财务、法律等顾问服务，提高项目决策的科学性、操作的规范性。顾问服务主要包括两方面内容：一是按国家有关法律法规和规章制度，设计风险和利益分担共享机制，编制特许经营协议；二是构建项目财务模型，为政府方在进行项目招标、谈判中提供参考和支持，通过公开程序确定项目的合理污水处理服务费单价。

B. 社会资本提前介入，实现风险控制前移

张家界市杨家溪污水处理厂项目在招标文件中明确要求处理工艺成熟、处理效果良好，能够保证污水处理后能达标排放。社会资本在事前通过调查、踏勘等方式，根据实践经验确定了处理工艺，并在投标时按工艺特点报价。目前经运行测试，主要工艺设备符合政府要求的技术先进性和可靠性，满足投资人关注的经济性要求，达到了初期提出的整体要求。

C. 建立合理的风险分担机制和收益分享机制

该项目在风险管理（risk management）方面秉承了“由最有能力管理风险的一方来承担相应风险”的风险分配原则，即承担风险的一方应该对该风险具有控制力；承担风险的一方能够将该风险合理转移；承担风险的一方对

于控制该风险有更大的经济利益或动机，由该方承担该风险最有效率；如果风险最终发生，承担风险的一方不应将由此产生的费用和损失转移给合同相对方。

按照最优风险分配、风险收益对等和风险有上限等原则，综合考虑政府风险管理能力、项目回报机制和市场风险管理能力等要素，本项目在政府、社会资本成立的项目公司之间设定风险分配机制，体现在相关法律协议中。本项目主要风险分配见表2-1。

表2-1 项目主要风险分配

序号	风险种类	政府承担	项目公司承担	备注
1	应用网络建设和维护	√		
2	征地拆迁实施及成本超支风险	√		项目公司承担一定范围内的费用
3	项目审批风险	√	√	
4	债务偿还风险		√	
5	项目融资风险		√	
6	项目厂区设计、建设和运营维护相关风险，包括技术风险、工程质量风险、完工风险、运营风险以及移交资产大修理的风险等		√	
7	建设成本超支风险		√	
8	运营成本变动风险	√	√	通过调整污水处理服务费单价解决
9	政治不可抗力（包括非因政府方原因且不在政府方控制下的征收征用和法律变更）	√		
10	自然不可抗力	√	√	

在政府方与项目公司签署协议后，除表2-1中可能存在的风险外，还可能存在项目公司中途违约或者在项目移交时不进行大修等情况，所以杨家溪污水处理厂项目设置了三种保函：一是履约保函，用来保证项目公司履行建设厂区的义务，在项目建成后该保函将退还；二是维护保函，用来保证项目公司改造运营、维护污水处理厂的义务，在项目将要移交时用移交保函取代；三是移交保函，在项目移交时和保证期内保证项目全厂的设备、设施得到良好的大修，在保证期结束后退还。

3. 池州市主城区水处理PPP项目

（1）项目概况

池州市的污水处理设施投资经历了国企改制、特许经营等阶段的改革。曾引入市场机制吸引社会资金参与设施建设和运营，对缓解建设资金短缺，提高运行效率，取得了一定成效；但也暴露了市场开放度不高，政府监管不到位，政府债务不透明，厂网分离导致的运行效率低下等问题，在一定程度上制约了城市污水处理事业的发展。

自 2000 年之后，随着池州经济水平和城镇化的飞速发展，池州市主城区区域面积快速扩大。城区人口的快速增加对于城市的基础设施提出了更多的要求，以往的城市公用设施远不能满足现有城区居民的需求，城市功能需尽快加强，为此池州市政府逐步投资建设了含水环境净化在内的各项公用基础设施，清溪污水处理厂一期、二期和城东污水处理厂及大部分区域的雨污水收集管网通道等设施随之建设而成。由于投资主体及服务区域不同等原因，各污水处理厂、排水管网、泵站采用划片管理，分属于不同主体监管运营；其中污水处理厂由政府指派的事业单位池州市公用事业局下属企业进行管理；其他管网通道等设施按照所属区域分别管理或原投资主体进行管理，导致有些区由区政府直接管理、有些区由辖区的企业管理，由此可见管理主体众多，各自为政、各管一摊。

城区规模扩大的同时对于城市管理能力的要求也逐步提高，分片管理的弊处愈加显现。厂管之间、片区之间管网分片管理造成的不同管辖区域之间管网管径等规格各异，进而导致厂管之间的连接处污水渗漏、城区内污水淤积等问题层出不穷。此外由于负责管理的人员都是政府部门下属的事业单位人员，不具备污水处理的专业知识和管理能力，没有专人进行运营维护，进一步加剧了进水水质浓度，专业设备使用效率不够，运营负荷远达不到实际需求。管网上下游、管网与污水处理厂之间因为管理与责任问题经常产生矛盾，城市积水积涝现象非常严重，老百姓怨声载道；污水进场浓度低，达不到环保部门要求的环保标准。分片管理导致的问题和矛盾，迫使运营主体合一成为客观需求。

池州市主城区现有污水处理厂、排水管网、泵站等新旧项目均由政府全额投资建设，城市污水处理设施项目一般投资都比较大，资金需求相对集中，其中大部分资金为政府举债且尚在举债期。据统计，“十二五”期间，池州市用于市政公用设施的资金投入为年均 25 亿元左右，其中政府财政资金投入比例约为 76%，资金来源主要是池州市土地出让收入和池州市城投等政府平台公司通过土地抵押获取的融资款；与此同时，受房地产行业下行的影响，土地财政无法继续持续下去，加上中央对于地方政府的债务管控愈加严格，不允许地方融资平台代表政府继续融资，从而增加政府的隐性债务，原来惯用的筹资模式无法继续使用下去，池州市政府的可投资能力下降。

经过对池州市污水处理需求测算，池州市已建水处理设施资产评估为 7.12 亿元，新建项目估算投资 13.42 亿元。这笔投资需求对于池州市政府财力

(2014年池州市政府收入为92亿元）而言，仅依靠政府财政资金将无法解决其全部建设资金问题，短期内将造成一定的财政压力；如按照池州市政府以往的惯例，政府将为此而举新债投资，但2014年起中央加强了对于地方政府债务从严管理，要求必须通过市场化的运作方式实现多元化筹措资金。

池州市主城区水处理PPP项目采用“新建+存量”的建设类型。存量部分：主城区已建污水处理厂2座，污水处理能力合计10万t/d（清溪污水处理厂一期4万t/d、二期4万t/d，城东污水处理厂2万t/d)；已建排水（污水和雨水）管网约750km；已建污水泵站7座，污水提升能力合计10.45万t/d。其中，污水处理厂由池州市供排水公司代为运营和管理，排水管网和泵站由池州市住房和城乡建设委员会（以下简称池州市住建委）和各区划片管理。存量资产经池州市国有资产监督管理委员会备案的资产评估总价为712 266 700元，项目公司运营污水处理厂的出水水质应符合《城镇污水处理厂污染物排放标准》（GB 18918—2002）一级B标准，并达到政府节能减排和总量控制目标；运营排水设施应达到投标文件技术方案中对于相关设施维护管理的承诺质量标准，该标准高于相关法律、国家行业规范及标准的，执行承诺标准。

新建部分：新建污水处理厂3座，设计污水处理能力合计10万t/d（站前区污水处理厂2万t/d，市集中示范区污水处理厂2万t/d，城东污水处理厂二期6万t/d)；新建排水管网554km及相关配套设施；特许经营期内，主城区需建设的其他污水处理和市政排水设施。新建项目总投资约13.42亿元。

(2）运作模式

A. 模式选择

池州市具有满足池州市当前一段时间内污水处理需求的池州市主城区的污水处理厂及相应的市政管网和泵站，属于既有已建成的正在运营的污水处理设施及管网，按照上述决策树里面的已有设施的情况，适合采用TOT的模式。

污水处理属于具有区域性特征的自然垄断产业，管网配套是否完备是影响污水处理厂运营效率高低的关键因素，污水处理厂和收集污水的管网之间的经济技术关联性较强，存在区域厂网合一的内在要求。只有厂管所有权一体化，才能有效地保证污水处理厂的运营效率，产生稳定的现金流，从而实现可以吸引社会资本方的收益，才可以给予社会资本方信心以PPP方式参与到水处理项目中来，因此政府如想采用PPP模式，就必须采用厂管一体打包一并运营的方式。

该项目投资规模大，政府采用部分举债的方式完成投资，社会资本方接手现有资产并运营可以大大减轻财政压力，并能够提供专业的运营管理技术和团队，更好地完成污水处理这一公共设施服务。

政府通过赋予项目公司特许经营权，项目公司对污水处理设施的运营为公众提供污水处理服务从而获得政府付费，可以形成稳定的现金流，回报机制稳定持续，所以项目属于可经营性类项目。

池州市政府在对比该项目的实际情况以及不同 PPP 模式的适用范围后，结合池州市主城区已有污水处理设施现状，引入深圳市环水投资集团有限公司作为社会资本，并与其共同成立特殊目的公司——池州市排水有限公司，推动以市场化的方式经营城市污水处理工作；通过采用已有存量设施资产打包转让运营期限满后移交的 TOT 运作模式，并按照“政企合作成立合资公司、转让存量、厂网一体、特许经营结合政府购买服务”组合的 PPP 模式进行运作。

B. 项目合同

本项目签署了三份协议，即《池州市排水有限公司股东协议》、《池州市主城区污水处理及市政排水购买服务项目资产转让协议》及《池州市主城区污水处理及市政排水购买服务项目特许经营协议》。三份协议分别对应的内容为项目公司设立情况、存量资产打包转让以及污水处理特许经营（含政府采购服务），三份协议内容相对独立又彼此关联。项目参与方之间的交易结构如图 2-3 所示。

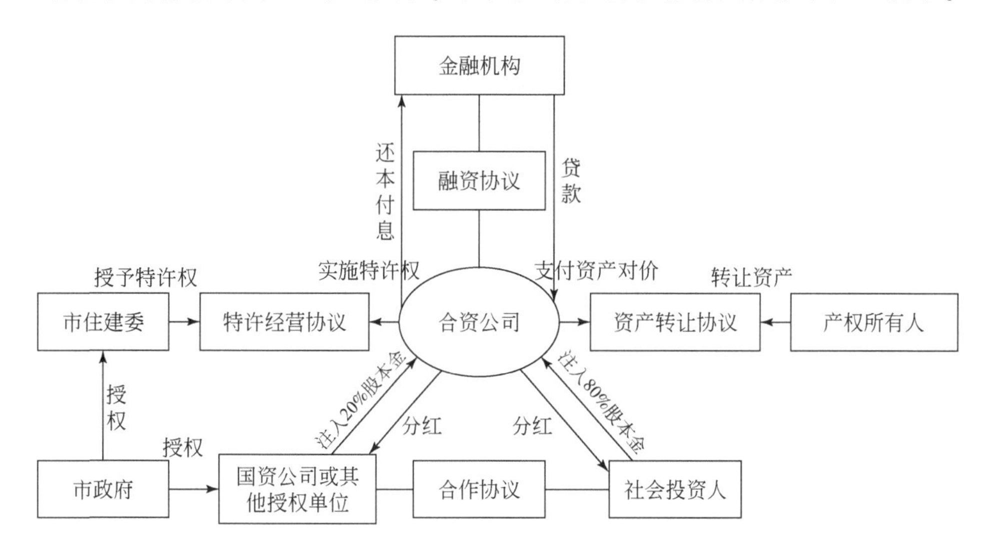

图 2-3　池州市主城区水处理 PPP 项目交易结构

C. 项目公司设立

社会资本方和政府进行合作，首先必须形成利益共同体，成立一个满足国家政策和法律要求的合资公司，搭建起完整的公司运营架构，建立一系列完善的企业市场化混作管理模式，使之可以充分地发挥合资公司的市场化作用，以保证水处理项目可顺利高效地开展和运营。

本项目公司由深圳市环水投资集团有限公司与池州市水业投资有限公司代表

的池州市政府两方共同出资在池州市设立池州市排水有限公司，公司为具有独立法人资格的有限责任公司。投资人深圳市环水投资集团有限公司和池州市政府指定主体按照4∶1的比例出资，并于签署的合资合同和章程中约定：社会资本方深圳市环水投资集团有限公司具体负责项目的经营和管理，政府主要履行监督和管理责任，参与公司重大决策，但不参与日常经营，各方按其实际出资比例分享利润和分担风险及亏损。公司的经营范围为污水处理，排水管网、泵站及其他排水设施的咨询、设计、建设、设备供应、安装、运营与维护，其他《池州市主城区污水处理及市政排水购买服务项目特许经营协议》约定范围内咨询、投资及其相关业务。公司注册资本为21 716.67万元，深圳市环水投资集团有限公司以17 373.336万元现金（占注册资本80%）作为对注册资本的出资额，池州市水业投资有限公司以4343.334万元现金（占注册资本20%）作为对注册资本的出资额。合资公司成立后，因公司发展所需资金，可通过增加合资公司注册资本或贷款融资的方式解决。若合资公司拟增加注册资本，各方有权根据其届时在合资公司的股权比例增加注册资本。如果任何一方不愿按其届时的股权比例增加注册资本，经池州市国有资产监督管理委员会和市住建委同意，合同协议另外一合作方可以享有优先认缴该方应该认缴的出资，合资公司的股权结构做相应调整。若实现贷款等融资需要股东抵押、担保，则深圳市环水投资集团有限公司有义务为合资公司提供支持。合资公司按照有关法律、法规和公司章程的要求，建立了完善的公司管理体制、问责机制以及财务、会计和审计制度，且合资公司拥有独立的业务和经营自主能力。

为配合项目公司更好地实现其经营责任，按照PPP协议规定，现有污水处理设施产权所有人与项目公司签署《池州市主城区污水处理及市政排水设施购买服务项目资产转让协议》，将主城区已建的清溪污水处理厂（一期、二期）、城东污水处理厂、排水设施管网资产整合一体化一并转让给项目公司，在实现资产移交的同时，落实了厂网合一特许经营的要求。

项目公司池州市排水有限公司购买池州市水业投资有限公司在污水处理厂及排水设施管网资产中的全部权利和权益，转让资产的转让款为71 226.67万元。项目公司在整个特许期内以划拨方式取得污水处理厂场地范围内的土地使用权。特许期结束后，项目公司的污水处理厂土地使用权由池州市住建委或政府指定其他机构无偿收回。

D. 特许经营

池州市政府授权市住建委与项目公司签署《池州市主城区污水处理及市政排水购买服务项目特许经营协议》，授予项目公司对污水处理厂及排水设施、泵站的特许经营权。项目公司在特许期内投资建设规划中的污水处理厂及排水设施等，并需负责运营、维护和更新所有污水处理厂及排水设施，在特许经营期及购买服务合同期满后，将正常运行状态下的上述设施无偿、完好地移交给池州市政府或其指定机构。特许期限根据池州市政府财力等数据测算定为 26 年；中央、省级对于本项目各类补贴及专项资金，项目公司与市政府按照 80% ：20% 的比例进行分配。

主要包含以下三个方面的内容：

1）对现有污水处理厂及市政排水等所有资产包内设施的特许经营授权经池州市政府授予项目公司独家特许经营权的基础上，由项目公司池州市排水有限公司自行承担公司所有的经营费用、责任和风险，负责池州市主城区已建污水处理及排水设施的运营、维护和更新改造，并取得购买服务费。特许经营服务区域为池州市主城区，具体包含池州市老城区、经济技术开发区、站前区、高新技术产业开发区和市承接产业转移集中示范园区。

污水处理服务费每季度支付一次，逾期未付款项，可以协商延长付款期，但最长不能超过 60 日；特许经营期满终止时，池州市排水有限公司应将池州市污水处理及排水设施的所有权、使用权无偿、完好、无债务、不设定担保地移交给池州市住建委。管网总长为 750km，池州市住建委应按 99 380 元/(km・a) 的标准向池州市排水有限公司支付排水设施服务费。在特许经营期内，排水设施服务费标准每满 3 年调整一次。

2）根据需求未来拟新建设施考虑到池州市在特许经营期内，需规划新建污水处理厂 3 座（6.5 万 t/d），排水管网 554km 等污水处理及市政排水设施。考虑到未来的改扩建项目、新建项目存在诸多不确定性和较多的未知因素，本项目招标内容及《池州市主城区污水处理及市政排水购买服务项目特许经营协议》里签订的核心内容是围绕已建污水处理厂及排水设施，对于改扩建项目、新建项目仅做原则性约定，待后期这些新建项目条件成熟后，参照本次签订的《池州市主城区污水处理及市政排水购买服务项目特许经营协议》中约定的相关原则，另行签订补充协议。对未来新建、改扩建、技术改造等新增投资，由项目单位负责新建项目的投资、建设及运营维护并取得购买服务费。服务费价格以内部收益率为 7%~8% 进行测算，若实施时国家对该类项目内部收益率有明确规定，双方另行协商确定。污水处理服务费单价暂定为 0.81 元/m^3，在特许经营期内，污水处理服务费标准每满 3 年调整一次。购买服务费包括污水处理服务费和排水设施服务费。特许经营期满，池州市排水有限公司应向池州市住建委或其指定机构完好无偿移交使用项目设施所占有土地的权利、对项目设施的所有权益、运营和维护项目设施所必需的技术文件与技术诀窍及相关文件。

3）政府购买水处理和管网运营服务。以往池州市污水处理厂运营时限于人员配置以及行政管理等因素，不太适合采用使用者付费的方式来对公众及企业收取污水处理服务费，采用的是政府付费的方式。项目单位获得了池州市主城区实施污水处理的特许经营权，结合池州市污水处理服务不适合采用使用者付费的现状及当前政策支持的政府采购服务的导向，本项目在以特许经营收费方式的前提下，池州市人民政府或其授权主体将根据项目公司提供污水处理服务的情况，向项目公司购买污水处理服务并支付污水处理设施运行、维护服务费。合同同时约定，在项目的特许经营期限内，政府需将污水处理服务费及管网运营费用按照约定金额纳入池州市本级财政预算范围内。

E. 回报机制

污水处理厂市场化的项目有两个很重要的指标，一个是污水处理服务费水平，另一个是资产转让价格。在实际的操作中这两个指标不会同时变动，一般做法是先确定一个指标，然后通过另一个指标的高低来招标竞争选取确定合作方。本项目经多重考虑结合实际情况，政府决定采用通过邀请招标转让污水处理厂的资产经营权益的方法，选取方式是确定资产转让价格、以污水处理服务费价格为主要指标进行公开竞争。

本项目的支付和回报机制采用政府付费的方式，即项目公司通过对现有存量的污水处理厂的运营维护、新建污水处理厂的投资、建设和运营维护，按照项目协议约定的水质、水量等提供污水处理服务，政府方按照项目协议约定的处理水量要求和水价向项目公司支付污水处理服务费，项目公司依此收回投资并获取合理回报。其中约定的保底水量及水价需要经过专业的财务测算进行估量。由于本项目的回报机制主要来自污水处理服务费，污水处理服务费价格的高低直接影响到项目的可实施性。合理的收费机制是本项目成功运作的关键，政府必须在充分考虑当地财政能力的前提下，在满足社会资本方“保本微利”的原则下，确定科学、合理的污水处理服务价格。本项目实操时政府部门先通过全成本测算计算确定了一个污水处理服务单价的“拦标价区间”，也就是政府能承受的报价区间。污水处理服务单价根据项目全生命周期的总投资金额返算到单价的方法确定，总投资金额涵盖了实际耗用成本、税收、财务成本等，以及合理利润等，政府部门会同咨询公司参照上述原则，按照一般水处理专业行业数据进行测算，讨论了三次才最终确定拦标价是每吨污水处理费 0.89 元，变动幅度不超过 10%，结合池州市的财政支付能力，确定特许经营年限为 26 年。

（3）借鉴价值

A. 引入专业机构提高项目的建设和运营维护及管理水平

引入具有专业技术的社会资本方是本项目采用 PPP 模式的一大特点。以往池州市众多基础设施建设大都秉持着“政府主导”原则，即政府部门负责建、管、养等系统工作，运营效率不高。以往政府只将城市建设重点在“面”上提速，随着城镇化的推进，城市规模日益扩大，与此相对应的市政基础设施功能及城市管理跟不上的矛盾也日益凸显出来。由于过去地下排水管网等很多地面“看不见”的城市基础设施建设相对缺少比较科学系统的规划，在实际使用中逐渐暴露出诸多问题。本项目把城市建设的触角重点伸向人们“看不见”的地下管网，让专业的、技术成熟的社会机构去负责运营管理这些城市基本公共服务设施，将逐步解决这一困扰了政府多年的难题。通过让具备多年运营管理经验的专业团队深圳市环水投资集团有限公司来运营管理主城区的水处理领域，发挥专业优势，将之前以政府为主参与市场经营导致的“事倍功半”的劣势，变为以市场化的专业机构操盘而形成“事半功倍”的优势，全面提升对城市基础设施领域运营和管理水平。同时，政府的职能也得到转变，不再既当运动员又当裁判员，而是专心做好监管与服务，城市防汛排涝应急机制也因此逐渐完整，达到本项目提出的主要目的。

本项目自 2015 年 1 月开始实施以来，池州市整体污水处理能力，特别是厂网协调一致的同步效率得到了明显的改善和提升，2015 年前 6 个月处理污水 6.7 万 t，同时，社会资本方与政府通力合作，对全市 383km 的给排水管网进行了维护和更新，在当年夏季降水量比往年有所增加的情况下，有效预防了内涝积水现象的出现，最大限度地提高了原有投资的使用效率和使用效果。从上述效果可以看出，政府、社会资本、中介机构、监督机构等多部门、多角度的协同合作，即使政府各个部门之间在市场化需求的压力下，能够有动力打破原有的本位主义壁垒，整合资源，提高协同效率，也使社会资本能够具有更加有效的实施舞台，更好更有效地在社会公共服务领域发挥自身所长，提升社会资源的整体使用效率和效益。池州市 PPP 项目很大一部分工作是集中在厂外管网运营维护方面，政府在提升污水收集率方面也有相应的要求，随着厂外管网改造及维护逐步到位，进厂污水浓度有一定提升后，系统运行稳定性也得到了进一步的提升。

B. 盘活存量资产，化解政府债务

池州市政府将主城区所有排水设施的管网资产一次性转让给项目公司，通过整合资源，提高了社会资本对污水处理项目的投资意愿，不仅有效盘活了前期政府运用财政资金对项目固定资产等建设的投入，一次性回收了投资成本，改变之前“资金-固定资产”的财政资源使用方式为“资金-固定资产-资金”，最大限度地提高了财政资金的使用效率和周转速度，还将前期以财政资金为杠杆撬动的固定资产投资成本中的财政负债部分予以释放，降低了财政整体负债水平，为后续公共设施建设领域中，财政资金发挥更大效用腾挪出了宝贵的空间。

池州市政府通过经营权的转让来套现和转移经营主体，采用存量资产综合打包转让给社会资本方运营的 PPP 模式，从政府的角度而言，可以马上回收项目设施建设资金，可以很好地盘活政府现有的大量存量资产、利用变现资金偿还因建设转让的处理设施而背负的债务，减轻政府当年建设污水处理厂和排水管网的债务，缓解池州市本级财政压力，化解政府债务的积极效应正开始显现，从而使得政府的收益提前，弥补了政府投资缺口；同时通过将资产运营转让给项目公司，政府每年可减少大量的运营费用，避免了政府垄断经营常出现的效率低下等问题。

经测算，该 PPP 项目运营一年后，池州市政府在污水处理领域的支出约为 9227 万元，而通过提升污水处理领域的运营管理，当期在该领域的各项收入合计约为 7342 万元，财政净支出仅为 1885 万元，大大减轻了当期财政负担，实现了地方财政各年度支出的平滑处理。与此同时，新的城市基础设施建设模式，还为池州市污水处理领域带来了更为专业的服务团队和方式，并在整合资源的基础上更加充分地挖掘和发挥了原有投资的使用效率。同时，经营责任和风险主要由社会资本方承担，政府可以更加公平公正地履行其应有的职责，政府负债水平有所降低，政府财政负担和债务风险明显下降。

近 20 年来，各地政府部门积极完善和提升城市基础设施建设门类及建设质量与水平，但由于种种原因，其建成资产的融资功能几乎从未被正视或加以有效利用，财政资源仅作一次性使用的现象相当普遍和突出，资产沉淀现象严重。对进行有效盘活并使之发挥最大效用，是我国经济发展新常态下，增强地方经济实力，挖掘新的经济增长点的重要方向和有效措施。本项目的顺利实施，政府部门迅速收回前期投入的“沉没成本”，用以其他项目投资或进一步扩大提高财政资金的利用率，给类似财政规模的政府提供了城市建设融资方面的新思路。

C. 厂管一体化运营实施

项目最初工作范围是将区域内若干存量污水处理厂和增量污水处理厂采用 TOT+BOT 的方式实施，属于行业内相对成熟的污水处理厂打包运作。随着政府方对全市污水厂网设施的拉网式摸底排查，以及污水工程专项规划编制调研工作的开展，越来越多的问题指向不在项目范围内的污水管网。这些问题主要包括管理藩篱严重、厂网无法协调运作且未成体系、污水接入自然水体；跨区、跨部门建设的污水收集系统不协调；部分区域污水混接现象严重；部分区域污水收集系统设备老化破损、污水管道淤积严重；部分污水收集系统渗漏现象较为严重，污水收集率和污水处理率不高；初期雨水收集、处理系统急需建立；管网普及和连通问题导致全市污水处理设施中超负荷运行与利用率低的矛盾局面并存；污水设施存在多头管理，维护经费严重不足；专业设施缺乏，维护手段落后等。

以往污水处理厂的建设运营时，社会资本方采用 BOT 模式已经非常成熟，统计数据显示，目前城市新建污水处理厂 60% 都是用社会资本建设的。虽然目前社会资本方参与污水处理厂的合作运营在行业内已是普遍现象，但排水管网泵站的建设、运营仍然依靠政府指定的机构或国企投资去完成，出现这种现象的主要原因在于配套管网的投资金额远大于污水处理厂的资金需求，区域面积大，人口密度高的地区投资额甚至多达几倍，相比较而言，投资建设污水处理厂具有相对较高的回报，管网的建设运营就是微利，因此社会资本不愿意去投资并不能直接带来收益的管网建设。

此外，不同的投资主体造成国内普遍存在污水处理厂和管网分开运营的现状，进而导致同一区域内污水处理厂和管网的处理能力不一致的情况较为普遍，提升管网的建设运营效率是水处理业内急需统筹安排规划解决的问题。本项目如不把管网一并打包运营，PPP 概念与此前实施的诸多的污水处理厂的 BOT 模式毫无区别。

针对上述水处理业普遍存在厂管分离的现象，特别为防范因管网配套建设不足而导致污水处理厂建成后运行负荷不足的问题，财政、住房和城乡建设部门在 PPP 模式下力推厂网一体、站网一体的经营方式，能较好地降低规划风险。国务院在《国务院关于创新重点领域投融资机制鼓励社会投资的指导意见》（国发〔2014〕60 号）中提出推动市政基础设施建设运营事业单位向独立核算、自主经营的企业化管理转变。鼓励打破以项目为单位的分散运营模式，实行规模化经营，降低建设和运营成本，提高投资效益。推进市县、乡镇和村级污水收集和处理、垃圾处理项目按行业“打包”投资和运营，鼓励实行城乡供水一体化、厂网一体投资和运营。财政部、住房和城乡建设部于 2015 年 2 月联合印发《财政部 住房城乡建设部关于市政公用领域开展政府和社会资本合作项目推介工作的通知》（财建〔2015〕29 号），指出城市供水、污水处理、供热、供气、垃圾处理项目应实行厂网一体、站网一体、收集处理一体化运营。

经过池州市政府组织咨询公司等专业机构多轮方案研讨、专家论证，决定通过规划主城区范围内存量污水处理设施的统一运营管理、增量污水处理设施的统筹规划建设、技术可行前提下污水收集管网的连通和动态调水，实现污水处理设施联合排水管网整合建设和运营管理的规模效益与协同效应，从投资运营体制和管理监督体制角度出发，消除污水厂网设施建设和管理中长久存在的问题。针对水处理项目，PPP 的要点在于管网建设运营收回投入，也是本项目的核心创新点。本项目采用厂管一体打包转让给具有专业运营能力的项目公司，实现了污水处理领域建设和运营一体化，有利于统筹安排污水处理能力和管网承受能力，使之处理能力相匹配最大化地提高投资效率，改变当下污水处理率低下的尴尬局面，且厂管一体化很好地解决了以往分离导致的政企合作运营产生的诸多矛盾以及政府债的问题。

D. 创造性地采用政府购买服务与特许经营相结合的模式

本项目作为首个采用“特许经营+政府购买服务”方式进行整体实施和运维的项目，池州市政府作为污水处理服务的需求方和购买方，向政府与社会资本合资成立的项目公司购买污水处理服务。而社会资本控股的项目公司作为需求的提供方和承接主体，按照《中华人民共和国政府采购法》、PPP协议等相关法律法规和合作协议要求，通过整体受让池州市政府所有的污水处理厂和配套管网等资产，具备和拥有为服务购买方提供符合要求的公共基础设施服务的能力。同时，地方政府即服务购买方根据服务提供方提供的服务的数量、质量等因素，向服务提供方支付购买所得服务对应的价款，作为服务提供方的酬劳。按照相关程序，池州市人民代表大会审议批准了该PPP项目协议，并按照要求，承诺将政府需要逐年支付的购买服务的价款分年度纳入当年财政预算，保证资金支付数量和进度，确保PPP协议能够顺利履约。同时，池州市人民代表大会要求政府及相关部门按照PPP协议等约定，加强对项目运营维护情况和对应的资金管理力度，并定期向有关部门报告有关情况。按照约定程序履行政府方的相关审批流程和手续，确保PPP协议合法有效且能够依法及时、完整履行相关责任，为社会资本参与传统的公共财政覆盖的领域提供了制度和流程保证，也是本项目能够顺利实施的关键点之一。

4. 南京市城东污水处理厂和仙林污水处理厂PPP项目

（1）项目概况

南京市城东污水处理厂一二期服务面积约为175km^2，规划服务人口约为148万，处理规模为20万t/d，仙林污水处理厂规划服务面积约为80km^2，规划服务人口约为20万，处理规模为10万t/d。项目本身规模较大，加之项目地处南京城区，地理位置优越。南京市近年地区生产总值和一般公共预算收入稳步增长，污水处理市场广阔，其中南京市现存污水处理厂7座，江北新区尚有水环境综合治理等投资需求，项目对于投资人具有较大吸引力。

项目自2015年3月开始调研至项目签约，南京市城乡建设委员会（以下简称市城乡建设委）、南京市财政局、南京市城市建设投资控股（集团）有限公司（以下简称市城建集团）及咨询机构等多方紧密配合，对项目交易结构和边界条件等方面反复分析论证，最终政府方以PPP模式发起本项目，并制定了符合实际的项目实施方案和采购文件。在PPP模式下，政府不仅可以通过与国内领先的水务投资人合作，引进先进的技术、管理经验，提升域内传统水务企业竞争力，还能够推动本地区的水务市场化改革，改善污水处理服务供给效率，实现合理利润最大化。

（2）运作模式

A. 实施机构及相关交易主体

南京市政府授权南京市污水处理的行业主管部门——市城乡建设委作为本项目的实施机构，负责代表政府签署《PPP 项目合同》并签发《特许经营授权书》，市城建集团下属水务集团的污水处理业务子公司——南京公用水务有限公司作为项目资产权属方签署经营权转让协议，水务集团作为政府出资方参股 PPP 项目公司签署《合资协议》和《公司章程》。

B. 运作方式

本项目为存量项目，采取 TOT 的运作方式，转让标的为城东污水处理厂和仙林污水处理厂的经营权。具体内容为：由政府指定的出资代表与中选社会资本合资成立本项目的项目公司，在项目合作期内，由项目公司受让城东污水处理厂及仙林污水处理厂的经营权，并负责两个污水处理厂的运营和维护工作，期满后将两个污水处理厂项目设施及权益无偿移交给政府或其指定接收机构。

项目的资金结构为：自有资金不低于项目初始投资总额（包括但不限于特许经营权费以及项目公司运营初期的铺底流动资金）的 30%，由政府指定的出资机构与中选社会资本分别按约定比例以现金出资成立项目公司，由项目公司进行融资并按规定支付本项目的特许经营权费。

项目回报机制为政府付费。本项目运营期间污水处理服务费主要从南京市主城区收缴的污水处理费中列支，市政府在向本级人民代表大会或其常务委员会报告后，将按照国家统一的会计制度进行核算，纳入年度财政预算和中期财政规划。

C. 合同结构

项目的合同结构体系主要由《PPP 项目合同》及附件《特许经营授权书》、《污水处理服务协议》、《经营权转让协议》、《合资协议》和《公司章程》构成，其中《PPP 项目合同》为项目的主合同，如图 2-4 所示。

该项目的《PPP 项目合同》签署后，南京市水务局成立，并成为南京市城市水务的主管部门。根据《PPP 项目合同》的约定，南京市水务局与项目公司签订了补充合同，市城乡建设委在本项目中的所有权利义务由南京市水务局承继。

D. 监管机制

政府方对项目公司的监管是实施 PPP 项目的必要措施，确保项目公司提供高效率、高质量的公共服务的有力保证。

项目监管主体主要为相关政府机构：一是市城乡建设委作为项目实施机构对项目合作期内的运营维护进行监督管理；二是市发改、财政、环保、审计、物价、国土等部门，根据各自职权范围发挥行业监管作用。各相关部门在市政府的

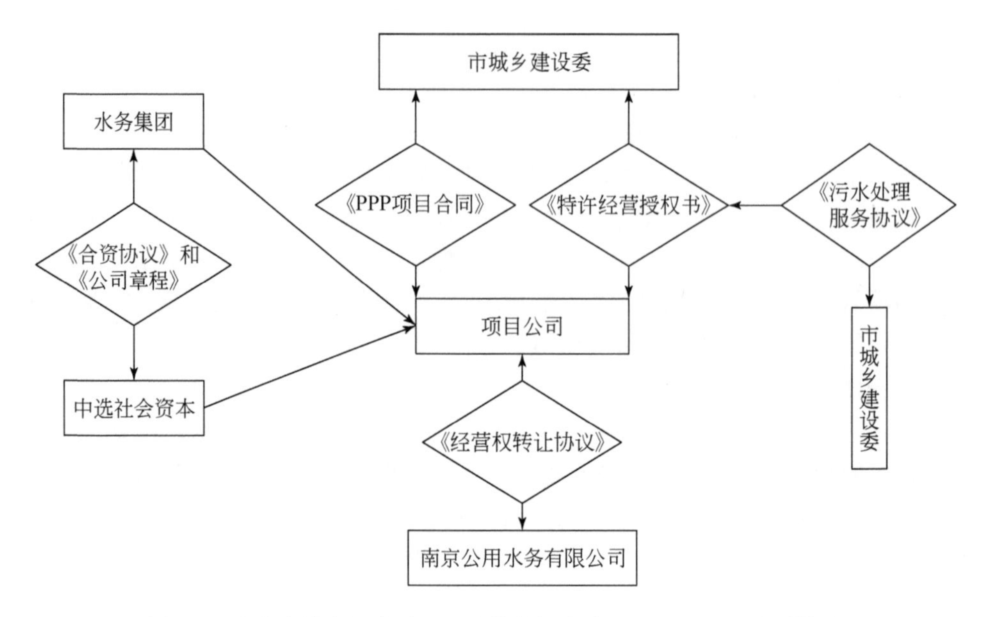

图 2-4　南京市城东污水处理厂和仙林污水处理厂 PPP 项目合同体系

统一协调下，建立固定的联系机制，形成对项目公司全方位的监管。

项目的监管内容主要包括：市场秩序监管、经营状况监管、运营成本监管、资产安全监管、信息披露监管及工程建设监管等。

项目监管方式主要有：一是加强对项目全生命周期的考核，考核过程中不仅关注短期的资金引进，更注重运营期服务质量标准的制定和落实，以检验服务效果；二是建立定期评估机制，每 3 ~ 5 年组织一次中期评估，全面评估项目的技术、管理和财务表现，督促社会资本持续改进项目管理水平，提升公共服务效率；三是建立公众参与监督机制，加强信息化平台建设，推行信息公开制度，定期公布服务质量考核结果、成本监审报告等，同时进一步完善公众咨询、投诉、处理机制，形成全社会共同监督体系。

通过上述监管内容及活动，实现政府从“经营者”到“监管者”的转变，切实履行从前期准备到项目运营全过程的监管职责。

E. 风险分配

按照最优风险分配、风险收益对等和风险有上限等原则，以及财政部推广应用 PPP 模式的政策导向，本项目的核心风险分配框架如下：政府方承担的风险主要包括土地获取风险、项目审批风险、政治不可抗力风险及最低需求风险等，项目公司承担的风险主要包括融资风险、运营风险（包括供应风险、技术风险及移交风险等）；双方共同承担的风险主要包括自然不抗力风险、宏观经济风险（通货膨胀，主要通过调价机制来分摊风险）。

（3）借鉴价值

A. 提前锁定融资成本，解决社会资本后顾之忧

在国家 PPP 政策的鼓励和引导下，各金融机构亦对本项目表现出浓厚的兴趣，经市城乡建设委、市财政局及市城建集团共同对各银行机构提交的 PPP 融资方案进行评审，确定南京银行、中国工商银行、中国银行、江苏银行为本项目可选合作银行，融资成本不超过同期中国人民银行贷款基准利率下浮 10%～12%，贷款期限不少于 15 年。此运作方式既解决了社会资本融资的后顾之忧，也提前锁定了本项目的融资成本上限，有效降低了社会资本报价，与同期银行贷款基准利率相比，合作期内可节约财政污水处理费支出 5000 万元。

B. 设置阶梯水价，合理结算项目收益

基础水量设置的出发点是防范最低需求风险，合理的基础水量值可以保障投资人获得可预期的稳定现金流。但实际执行过程中污水处理量仍可能高于或者低于该水量。按照过去通常的做法，当实际处理水量低于或高于基础水量时，政府仍然简单按照污水处理服务费单价结算付费。本项目在此基础上增设引入了“不足单价”和“超进单价”的概念，即当实际处理水量低于基础水量时，不足水量仅按污水处理服务费单价中的固定成本部分及利税，即“不足单价”结算；而当实际处理水量高于基础水量时，超进水量仅按污水处理服务费单价中变动成本部分及利税，即“超进单价”结算。这种设置更加科学和精细化，既保障了项目公司资本性投入能正常回收，又维护了政府的合理利益。

需要指出的是，本项目“不足单价”及“超进单价”的设置主要根据住房和城乡建设部颁布的《市政公用设施建设项目经济评价方法和参数》中固定成本和可变成本的分类，再将污水处理服务费单价中的利税按二者成本比例进行切分，形成“不足单价”和“超进单价”。“不足单价”主要体现项目的投资成本及合理利润（含所得税），“超进单价”主要体现项目的运营成本及合理利润（含所得税）。

C. 采用灵活调价机制，做到“随机应变”

本项目合作期限（特许经营期）长达 30 年，为了反映对宏观经济风险的合理共担，设定了污水处理服务费单价的定期调整机制。污水处理服务费单价的调整机制主要通过询价公式来实现，其启动需要同时具备两个条件，一是达到一定年限（3 年），二是成本幅度变化达到一定比例（污水处理基本单价询价系数变化幅度不低于 3%）。

合作期内污水处理服务费单价将根据污水处理全成本变动幅度进行调整。在调价公式中，把在污水处理厂日常运营过程中对污水处理服务费单价变动影响较大的成本项单独设置调整系数，作为主动调价因子（主要为动力费、生产人员的

薪酬、化学品费、污泥处理处置费等），并引入电度电价、社平工资等公开统计数据作为调整依据。除主动调价因子外，把其他对物价变动敏感度较弱的成本项（折旧、财务费用、税费等）设置为被动调价因子，对调价公式起到稳定平衡的作用。

鉴于项目公司未来人员结构上不可避免会出现借用人员和自主招聘人员薪酬标准与涨幅不一致等状况，调价公式中工资福利因子按照借用、非借用的标准进行分解，并适用于不同的调整参数。此举进一步增加了调价公式的灵活性，科学合理分摊了双方风险，保障了双方利益。

D. 设置维修共管账户，强化政府监管

参与竞争的社会资本通常会在投标文件中明确项目的内部收益率，该收益率体现的是各项成本均据实发生的情况下项目公司的合理利润率。但若存在个别成本项未据实发生的情况，项目公司就有可能获取额外的利润。例如，大修费用（含重置费用）一般按固定资产投资总额计提一定的费率，很难判断其是否据实发生。因此从政府监管的角度，需要强化对大修费用的监管。本项目中设置了由市城乡建设委和项目公司共管的大修资金账户，专项用于设备的大修和重置，既鼓励了项目公司更好地维护项目设施，又维护了政府方的利益。

5. 云南大理市洱海环湖截污 PPP 项目

（1）项目概况

洱海是云南省九大高原淡水湖之一，流域面积 2565km^2，入湖河流 117 条，涉及大理市等 16 个乡镇，约 83.3 万人。洱海是大理市人民的“母亲湖”，是大理市主要饮用水水源地，是苍山洱海国家级自然保护区的重要组成部分。近年来，由于洱海周边农业面源污染严重、城镇人口增加、工业发展加快、已有污水处理设施规模小且运行不稳定等，洱海的环境承载力及水质呈不断下降的趋势，目前正处于关键的、敏感的、可逆的营养状态转型时期。及时治理洱海水质环境对于保障大理市人民的生命健康和正常生活秩序、保障大理市社会经济发展和社会稳定和谐、保护大理市生态环境等，都具有巨大的现实作用和深远的历史意义。

2015 年 1 月 20 日，习近平总书记在云南考察调研时，专程来到大理市湾桥镇古生村，考察洱海湿地生态保护情况。他和当地干部合影后说：“立此存照，过几年再来，希望水更干净清澈。”

为了治理污染源、保护好洱海水质，大理白族自治州、大理市政府委托中国市政工程西南设计院对大理洱海周边水质、地理环境等进行了充分调研并编制可行性研究报告（以下简称“可研”）。可研经专家论证通过后，大理白族自治州及大理市政府计划实施大理市洱海环湖截污 PPP 项目。但由于大理市属于典型的藏富于民的旅游城市，政府财政能力有限；同时，国务院发布了《国务院关于加强地方政府性债务管理的意见》（国发〔2014〕43 号），要求建立规范的地方政府举债融资机制，控制地方政府负债规模，使得项目面临缺少投资资金、无法实施的困境。为了造福子孙后代，确保项目实施，大理白族自治州、大理市向云南省财政厅寻求支持，此时恰逢财政部发布《财政部关于推广运用政府和社会资本合作模式有关问题的通知》（财金〔2014〕76 号），云南省财政厅向大理白族自治州、大理市详细介绍了 PPP 模式的运作方式和优势，鼓励其通过 PPP 模式推进项目实施。大理州、大理市在财政厅的指导下，学习了 PPP 相关文件，并多次组织领导干部赴财政部学习请教，在充分领会 PPP 精神后，决定采用 PPP 模式推进项目的实施。

（2）运作模式

A. 交易结构

大理市政府授权大理市为洱海保护治理而专设的投融资平台——大理洱海保护投资建设有限责任公司，作为政府方出资代表与社会资本组成项目公司。按照《国务院关于调整固定资产投资项目资本金比例的通知》（国发〔2009〕27 号），项目公司资本金比例应不低于 20%。但出于确保项目融资的考虑，最终方案设计时将项目公司的资本金比例提高至 30%，其余 70% 由项目公司融资解决。

项目公司负责项目的投资、建设、运营和移交，并有权根据可用性和运营维护绩效考核结果从大理市财政获取政府付费作为回报。待项目期满无偿移交且质量保证期满后，项目公司清算解散。

大理市住房和城乡建设局作为本项目的实施机构，负责代表政府与项目公司进行日常对接并按照行政职能和政府授权对项目的建设以及截污干管（渠）运营养护进行考核监管。大理环境保护局①按照行政职能对项目出水水质等污水处理指标进行监管。大理市财政局根据大理市住房和城乡建设局和大理市环境保护局的考核监管结果，向项目公司支付污水处理服务费和政府购买服务费。

B. 回报机制

项目曾经设想过绑定旅游资源的回报机制，即绑定土地综合开发权，充分利用大理的旅游资源，社会资本通过湿地公园和湿地酒店开发经营获得收入来弥补项目的投资成本与回报等。但绑定土地综合开发权存在法律障碍，PPP 社会资本采购与土地招拍挂的衔接目前缺少法律依据和实操案例。同时在市场测试的过程中，社会资本均表示，作为专业水环境治理运营商，并不擅长旅游资源的开发，

---

① 现为大理市生态环境局。

无法把控经营风险和旅游市场风险，不同意绑定旅游资源的回报方式。因此，该种回报方式没有被采用。

最终，根据项目不直接向终端用户收取污水处理费的情况，按照财政部《政府和社会资本合作模式操作指南（试行）》中对政府付费的定义“政府付费，是指政府直接付费购买公共产品和服务，主要包括可用性付费、使用量付费和绩效付费”，项目的回报机制设计为政府付费模式，政府方分别支付污水处理服务费（使用量付费）和政府购买服务费（可用性付费和绩效付费）。

污水处理服务费：污水处理服务费采用收支两条线的模式，初始单价按照大理市现行向已运营的大理市第一污水处理厂支付的污水处理服务费单价，确定为 1.1 元/m^3，由政府方根据实际处理量或保底水量在运营期内向 6 座污水处理厂支付污水处理服务费。社会资本根据已定污水处理服务费单价和保底水量，自行测算污水处理服务费能覆盖的污水处理厂投资、运营成本和合理回报，不能覆盖的部分可由社会资本在政府购买服务费部分统筹考虑。

政府购买服务费：社会资本根据项目投资建设成本、资金成本、运营成本、确定的污水处理费单价和保底水量，希望获得的合理回报和采购限价，在投标时报出政府购买服务费年付费金额。

政府方根据竞争性磋商结果，将政府购买服务费进一步细分为可用性付费和绩效付费，其中可用性付费占政府购买服务费年付费金额的 85%，绩效费占政府购买服务费年付费金额的 15%，绩效付费的实际支付金额与政府方对项目进行的运营维护绩效考核挂钩。

根据咨询机构测算，项目运营维护成本与合理回报占政府购买服务费年付费金额的 5%~7%，通过将政府购买服务费的 15% 与运营维护绩效考核挂钩，不仅将日常运营维护更是将可用性部分也与运营维护绩效考核挂钩，真正做到符合 PPP 精神的全生命周期考核。

C. 风险分配方案

风险分配遵循最优风险分配、风险收益对等和风险有上限三大原则。

原则上设计、建设、财务、运营维护等商业风险主要由项目公司承担；政策、法律和最低需求风险主要由政府承担；政治、宏观经济、不可抗力风险等主要由政府和项目公司合理共担。

D. 融资安排

本项目总投资的 70% 通过项目公司融资解决。项目公司可采用有限追索权项目融资方式，即在项目建设期由项目公司的社会资本方股东提供担保。项目进入运营期无条件解除股东担保，转为无追索权项目融资，项目公司可用经营收益权质押、保险收益权质押等进行担保。本项目资产归属政府方所有，所以项目公司无权将本项目资产设施用于抵押担保。

（3）借鉴价值

A. 通过前后补贴结合的方式缓解政府支出压力

云南省政府给予了项目大力的支持。首先批准了大理市收取洱海风景名胜资源保护费的申请，扩充了大理市财政收入来源，同时还承诺由省财政给予项目适度的财政补贴。大理市政府将充分利用该财政资源，采用前后补贴结合的方式降低财政付费压力，即在建设期，大理市政府将收取的洱海风景名胜资源保护费及其他政府补贴资金等作为建设期补贴投入项目建设，用于冲抵项目总投资，进而调减政府购买服务费，项目投入运营后政府方将洱海风景名胜资源保护费及其他政府补贴专用专款支付项目的政府购买服务费，既保证了项目支付资金来源，又降低了政府一般性公共预算支出的压力。

B. 项目可用性付费部分在全生命周期内进行绩效考核

目前，国内大部分 PPP 项目将可用性付费（政府或政府授权部门向项目公司购买 PPP 项目的可用性而支付的费用，包括全部建设成本、合理利润和运营期财务费用）部分设置为项目公司的投资成本和对应的合理回报，而绩效付费部分则设置为运营维护成本和对应的合理回报，即项目公司在项目建设竣工验收后，其投资成本和对应的合理回报基本可以无风险收回，项目公司的投资成本和对应的合理回报并非通过竣工验收即可全部收回。通过测算，项目运营维护成本和对应的合理回报占政府购买服务费年付费金额的 5%~7%。投资成本和对应的合理回报占政府购买服务费年付费金额的 93%~95%。但是通过竞争性磋商，项目通过竣工验收后，项目公司仅可确保获得政府购买服务费年付费金额的 85%，剩余的 15% 需要与截污干管（渠）运营维护绩效考核挂钩，该种设置实现了可用性部分在全生命周期的考核，可以激励项目公司在运营期内高质量地对项目进行运营维护。

C. 大理白族自治州及大理市政府共同作为 PPP 项目合同的甲方

据调查，社会资本对 PPP 项目中最为关心的风险是政府付费风险。规范的 PPP 模式要求政府方将付费金额纳入政府中长期预算，但即使纳入预算，在财政没有资金的情况下依然无法向项目公司支付其应获得的回报。在前期市场测试过程中，多家社会资本均对大理市政府的付费能力提出了重点关切，为提高项目吸引力，大理白族自治州及大理市政府商议后，将大理白族自治州政府列为 PPP 项目协议的甲方之一，为政府方付费增信。

D. 采用竞争性磋商的采购方式

目前国内大部分 PPP 项目依然采用的是公开招标的采购方式，这个项目属于较早一批采用竞争性磋商程序采购社会资本的 PPP 项目，开展磋商程序时距

《政府采购竞争性磋商采购方式管理暂行办法》颁布不足半年。在缺少先例借鉴的情况下，大理白族自治州、大理市政府敢于接受新鲜事物，采用竞争性磋商的采购方式对磋商内容、磋商程序、专家选择等方面进行了大胆的探索，为后期采用竞争性磋商的方式采购PPP项目提供了很好的借鉴作用。

此外，通过竞争性磋商的采购方式，项目实现了充分竞争，社会资本在原有可研方案的基础上进行了优化，发挥了社会资本的专业优势，节省了项目投资，同时缩短工期6个月，体现了PPP项目的物有所值。

6. 浙江丽水市丽阳溪水系综合整治工程PPP项目

（1）项目概况

丽阳溪水系包括五一溪、佛岭寺溪和丽阳溪三条河道。目前河道堤防为土堤或生硬挡墙，河道输水能力不足，防洪压力巨大，抵御灾害能力不足，致使河道沿岸经常遭受洪涝灾害；内河水系被挤占现象十分普遍，严重影响河心沿岸的城市景观环境。另外，城市污水直接排入河道，水体污染十分严重，内河失去了美化城市景观的功能。这些都给城区的经济发展带来了严重影响。政府每年为维护河道的正常运行，需投入大量的财力、物力、人力。

项目综合整治范围内的河心大部分位于城区，是城区经济社会发展的命脉，综合整治这些河段是发展当地经济和改善人民生活环境的一项重要基础工作，不论是从地区的现状还是从长远发展来看，河道综合整治工程都刻不容缓且势在必行。

根据《丽水市人民政府关于促进社会资本进入公共设施建设领域的实施意见（试行）》（丽政发〔2015〕4号），丽水市对水务工程领域鼓励社会资本进行投资、建设和运营。2015年2月4日，丽水市政府成立丽水市政府和社会资本合作项目联合审查工作领导小组（以下简称“领导小组”）、负责全面推进PPP项目的有效实施。至2015年8月，在项目正式采购前，政府方已完成项目的立项、地勘、水土保持方案、环境影响评价书、工程可行性研究报告等文件审批工作，并按计划进行征地拆迁。

（2）运作模式

A. 交易结构

由项目实施机构通过公开招标方式选择社会资本，由中选社会资本按要求设立项目公司进行具体运作。

依据法律规定，一般应由丽水市人民政府国有资产监督管理委员会（以下简称市国资委）或下属企业担任项目的出资方。目前，市国资委持有丽水市城市建设投资有限责任公司100%的股权。该公司是丽水市政府最大的融资平台、建设平台，也是政府性、公益性公司改革管理发展的平台。丽水市城市建设投资有限责任公司又持有丽水市水利发展有限公司（以下简称市水利发展公司）100% 的股权，市水利发展公司经营范围包括城乡供水一体化水源工程的建设与管理、土地开发及土地收储等。

一方面，考虑到市水利发展公司的经营范围与项目有高度的相关性，且该公司与项目的实施机构市水利局有着良好的协调互动机制；另一方面，将同类资产并入市水利发展公司，有利于整合丽水市水环境项目的各项资源，做大做强该公司，将来有望成为水环境项目的上市平台。因此决定由市水利发展公司作为政府的参股主体，参股比例为 5% 。

根据《国务院关于调整固定资产投资项目资本金比例的通知》(国发〔2009〕27 号)，这个项目属于其他项目类型，最低资本金比例为 20% 。

根据《丽水市人民政府关于促进社会资本进入公共设施建设领域的实施意见(试行)》（丽政发〔2015〕4 号)，投资人自有资金（或投资股本金）最低应不少于项目总投资的 20% ，具体根据不同项目特点及相关规定执行。

为有效防范资金风险，保障项目的顺利实施，项目公司注册资本不低于项目总投资额的 30% ，其他资金可通过银行贷款、股东贷款等方式筹集。

项目实施机构通过公开招标的方式选择社会资本。中选的社会资本与政府指定的出资代表市水利发展公司按约定签订合资合同，并成立项目公司。市水利局代表市政府与项目公司签订 PPP 项目合同，授予项目公司在服务期内投资、建设、运营、维护的权利。市水利局负责协助、监管项目公司的建设运营情况，并根据 PPP 项目合同对项目公司进行绩效考核。市水利局根据考核结果对项目公司的付费申请进行审核，并提交市财政局，由市财政局拨付服务费给市水利局，由市水利局支付项目公司服务费。服务期满后，项目公司将项目设施及相关权力移交市水利局。

B. 合作范围

项目实施工程位于丽水市区，合作范围包括丽阳溪、五一溪和佛岭寺溪三条河心及商业水街（商业水街建成后即移交)。其中丽阳溪 4. 65km、五一溪 3. 03km，佛岭寺溪 1. 25km。

商业水街位于五一溪与佛岭寺溪交叉口区域，有效连接河道周边各个景点，将河道商业经营权和景观游览结合为一体。它的建成有利于提升城区附近综合地价，争取省级财政资金的扶持，因此将商业水街纳入项目的工程范围。但由于商业水街的经营收益无法有效评估，若交由社会资本来运营，在运营服务费的报价方面有较大的不确定性，故商业水街建成后即移交给市水利局。

C. 合作期限

根据《财政部关于进一步做好政府和社会资本合作项目示范工作的通知》

（财金〔2015〕57 号）的规定，政府和社会资本合作期限原则上不低于 10 年，《丽水市人民政府关于促进社会资本进入公共设施建设领域的实施意见（试行）》（丽政发〔2015〕4 号）规定合作期限一般为 10 ~ 30 年。项目为非经营性项目，没有收费来源，经过市场测试，过半数社会资本希望合作期限为 8 ~ 10 年（含建设期）。综合考虑项目特点、市场测试结果及财政收支情况，合作期限定为 15 年（含建设期 3 年）。

D. 运作模式

根据《丽水丽阳溪水系综合整治工程可行性研究报告》，项目拟在佛岭寺溪城北街与五一溪汇合口段规划建设特色文化商业水街，将河道商业经营权和景观游览结合为一体。商业水街有一定的经营性，一般有三种运作模式。

一是由项目公司负责项目设施（包括商业设施和公共服务设施）的投资、建设和运营，社会资本获得经营性收入和可行性缺口补助，以回收投资、补偿经营成本并获取合理回报。

二是由项目公司负责项目设施（包括商业设施和公共服务设施）的投资和建设，竣工后商业设施移交政府并由政府负责运营，项目公司只负责运营公共服务设施（包括维护、绿化和保洁等），政府通过购买服务的方式向投资人支付服务费用，以回收投资、补偿经营成本并获取合理回报。

三是商业设施在本次 PPP 项目中暂不考虑，待周边配套设施完善后，再由政府负责设计、投资、建设和运营。国内投资人的市场测试结果表明，如果考虑设置商业经营性收入，由于周边配套设施不完善，该收入的预测存在较大的变数，为降低项目的不确定性风险，参与市场测试的社会资本均表示希望政府购买服务。如果设置商业经营性收入，基于各社会资本对市场前景的判断差别较大，届时报价水平也会差别很大。

项目属于社会公益性项目，为避免资产闲置，保障项目顺利实施，在充分论证商业水街的必要性和紧迫性后，决定采用第二种模式。

E. 回报机制

项目属于社会公益性项目，没有使用者付费收入来源，回报方式是政府付费。项目公司按照批准的设计文件完成水系整治、景观绿化建设，并经验收合格后，需提供保洁、绿化和设施维护等服务。市政府将按照 PPP 项目合同约定分期向项目公司支付服务费用。项目公司通过获得服务费用弥补其建设投资、运营费用并获得合理回报。项目公司获得的政府付费由可用性服务费和运营服务费构成。

F. 风险分配

项目涉及各类潜在风险，按照最优风险分配、风险收益对等和风险有上限等原则，应由最有能力消除、控制或降低风险的一方承担风险。具体风险分配方案见表 2-2。

表 2-2 风险分配方案

风险类型	风险描述	分配风险方式与降低风险措施
建设风险	完工延误风险	政府造成延误由政府承担，项目公司造成延误由项目公司承担，不可抗力延误通过保险规避风险
	建设成本超支风险	项目公司承担
	建设质量风险	项目公司承担
项目运营风险和成本超支风险	实际运营成本高于项目公司预期成本	项目公司承担
	项目公司的管理问题造成项目运营成本超支	由项目公司承担，项目公司应通过加强管理提高效率以降低这类风险
	项目人员工资等主要成本因素价格上涨导致成本超支	设计根据直接成本因素来调整服务价格的公式，由政府与项目公司共同承担此类风险
通货膨胀	由于通货膨胀，项目实际收入减少	由政府与项目公司共同承担此类风险
汇率变化	由于汇率变化，国外投资人实际收入减少	由国外投资人承担此类风险
法律变更与经营环境	环境保护的需要，对项目水系维护标准等方面的要求提高，导致项目公司必须投入整治费用或增加运行成本	此类风险应由双方共同承担。一次投入或运行费用增加在一定范围内由项目公司承担，超出一定范围后政府方承担
	对项目公司税收等方面的法律变更，导致项目公司实际收入减少	由双方共同承担。在一定范围内的变更由项目公司承担，超过后由政府方承担
	征地拆迁延迟或投资额增加	由政府方承担
不可抗力	政府对项目实施没收、充公等	由政府方承担
	发生自然灾害等不可抗力事件，致使项目不能或暂时不能正常运转	要求项目公司为项目设施购买财产保险，用以灾害后项目设施的恢复。不可抗力期间，双方各自承担风险

（3）借鉴价值

A. 投标文件的三阶段评审环环相扣，精心挑选

项目评标委员会对投标文件的评审分三个阶段：第一阶段为技术和管理方案、融资方案、法律方案评审，第二阶段为综合实力评审，第三阶段为报价评审。第一阶段评审除了评分，还设置了通过制，以确保中标的社会资本有较强的技术和运营管理能力，能在整个项目生命周期内提供良好的服务。

B. 运营维护绩效考核设置奖惩分，激励相容

对项目公司的运营情况（包括违章、违法行为处理情况、影响河道保洁的其他情形处理、媒体曝光、举报情况、创建亮点）特意设置了附加的奖惩分（-10～10分）。对于项目公司在运营过程对各类突发事件积极负责处理的给予奖励加分、消极被动处理的给予额外扣分处罚。奖惩分的设置能有效地调动项目公司的积极性，有效地应对突发情况，更好地管理和运营维护项目。

C. 精心设计创新的报价评分方法，公平透明

项目的基准价为全部有效投标文件的服务费现值总额的算数平均值和次低投标报价的再平均值。基准价得分满分为50分，其余得分按投标报价的偏差率计算得分，即高于或低于基准价均扣分。该报价方法综合了平均报价评分法（以平均值为基准价）和次低报价评分法（以次低价为基准价）的优点，既能防止恶意低价及围标串标，还能体现报价评审方法公平规范，防止产生腐败。

7. 南明河水环境综合整治二期PPP项目

（1）项目概况

南明河属长江水系乌江支流，是长江上游生态敏感区，干流全长215km（贵阳市城区段36.4km），流域面积6600km^2，是贵阳市工业、生活和农业灌溉的重要水源，也是贵阳市重要的行洪通道，被贵阳市人民誉为“母亲河”。自20世纪80年代以来，历届省、市党委政府高度重视南明河治理。1986年，时任贵州省委书记的胡锦涛同志亲自参加南明河清淤工程。近年来，随着工业化进程加快和人口迅速增长，城市规模不断扩大，南明河水质和环境状况不断恶化，主河道及部分支流水质变成劣Ⅴ类水体，黑臭现象突出，河道生态自然净化能力严重下降，严重影响了当地居民的正常生产和生活。“变清南明河，造福子孙后代”成为贵阳市人民的共同愿望。

南明河水环境综合整治项目分三期实施，对整个南明河干流36.4km及市西河、小黄河、贯城河、小车河、麻堤河、花溪河6条支流82km，共计118.4km的流域段进行整治。第一期2012年11月～2013年5月，以消除南明河干流黑臭现象为主，并对存量国有污水处理厂进行TOT等市场化运作，经过第一期的治理，水系水质得到显著改善，获得广大市民、行业企业的高度认可。2013年8月24日，市政府组织的由13名国内知名专家组成的专家评审会肯定了南明河水环境综合整治治理方案的科学性、系统性、合理性，并一致认为第一阶段整治段的水质实现根本性转变，南明河水环境综合整治模式成为国内城市河道黑臭治理范例。在一期治理的基础上，随着二期、三期水环境治理及努力，完全可以将南明河做成“国内领先、国际一流”的河流治理典范。

二期项目以提升水质为核心，以支流治理为关键，以污水处理设施（污水处理厂、管网）建设为重点。二期项目总投资约27.27亿元，分为两个阶段实施，第一阶段已于2014年8月启动，预计投资20.27亿元，主要包括23个子项工程。通过第一阶段项目的实施，实现干支流水质及感官效果进一步提升，南明河流域污水处理率不低于95%，出厂水化学需氧量（chemical oxygen demand，COD）、氨氮达到Ⅳ类水体，其余指标按一级A标执行，河道补水约30万t/d，中水回用约20万t/d，增加服务面积约90km^2，完善及新建管网65.5km，南明河干流及五条支流65%的检测断面主要指标（$BOD_5 \leqslant 10mg/L$；$COD \leqslant 40mg/L$；$NH_3\text{-}N \leqslant 5mg/L$）满足河道观赏性景观环境用水。第二阶段预计投资7亿元，新建金百和贯城河污水处理厂（共10万t/d）、污泥处置及资源化中心、建设河道流域信息化监管系统及进行南明河上游花溪河流域治理等项目。

（2）运作模式

A. 运作模式

按照PPP项目实施方式，贵阳市人民政府授权贵阳市城市管理局为招标人，通过公开招标方式选择社会资本，并由其统一实施项目投资、规划、设计、建设、运营、移交，社会资本享有合理回报。在特许经营期届满时，社会资本将项目设施无偿移交给政府或政府指定机构。通过市场机制合理分配风险，使贵阳市人民政府与社会资本建立一种长期合作关系，从而提高污水处理、污泥处理和河道综合整治服务的供给数量、质量与效率。项目范围内的污水处理厂和污泥处置及资源化特许经营期均为30年（不含建设期），南明河河道综合整治运营服务期为10年（不包含建设期）。

B. 资产权属安排

在特许经营期内，社会资本拥有、使用新建污水处理厂、污泥处置及资源化中心的资产，在特许经营期届满时，社会资本将该新建项目设施无偿移交给政府或政府指定机构；河道综合资产所有权归政府拥有，社会资本拥有河道运营权，运营期届满时，社会资本将该河道运营权移交给政府或政府指定机构。

C. 分工协作

政府做“裁判员”，开放市场，规范运作，强化监管，营造公平的市场环境，协助社会资本办理相关程序性手续，负责服务费的支付等，保证了公共利益最大化。社会资本做“运动员”，负责治理项目的投资、设计、建设、运营，融资资金按建设进度计划及时到位，发挥了专业优势，严格按照要求完成工程建设，提供高质量、高水平的服务，并通过使用者付费及必要的政府付费获得合理回报。政府与社会资本的管理效率、技术创新动力有机结合，减少政府对微观事务的过度参与，提高公共服务的效率与质量。政府与社会资本按照平等参与、公开透明，依合同办事，有利于简政放权，更好地实现政府职能转变，弘扬契约文化，体现现代国家治理理念。

D. 社会资本合作方基本情况

中信环境水务有限公司（以下简称中信水务）是中信产业投资基金管理有限公司旗下的水务专业公司，通过 PPP、BOT/BOO、BT、TOT、O&M 及股权投资等模式全面开展原水、自来水供应、污水（污泥）处理、再生水利用及水环境整治等业务。现有污水处理规模超过 150 万 t/d，业务遍布上海、江苏、安徽、贵州、新疆等多个省（自治区、直辖市）。中信水务在供水、污水（污泥）处理、水环境综合治理、水体修复等领域具有国内一流、国际领先的专业技术、成功的业绩及丰富的经验，拥有土地集约型、环境友好型、资源节约型的下沉式污水处理厂设计、建设、运营管理的专业技术和水环境流域综合治理的成功业绩。

E. 项目公司设立

SPV 在中信水务统筹下，整合集团资源，全力支持。项目公司将作为项目法人，全权负责项目在特许经营期内的运作。其中建设期，项目公司负责投融资以及工程建设的管理，对工程建设质量、进度和成本负责。待项目进入运营期，项目公司须负责设施的日常运营维护，发挥运营设施应有功效并接受政府日常监管，政府按约付费。特许经营期结束，项目公司应将全部项目设施无偿移交给政府指定部门，且应保证项目设施处于良好运营状态。项目尚处于特许经营协议谈判阶段，待协议签订后，立即完成 SPV 组建。

筹备组建的 SPV 注册资本初步安排为 8.5 亿元，按照财政部 PPP 示范的指导精神，经与政府协商，中信水务愿意依法依规以货币出资的方式占股 95%，代表贵阳市政府出资的平台公司以货币或净资产入股的方式占股 5%。

F. 项目协议体系及投融资

政府授权单位与社会资本签订《贵阳市南明河水环境综合整治项目二期工程 PPP 模式合作协议》，同时签订《贵阳市南明河水环境综合整治项目二期工程之污水及污泥处理设施特许经营协议》及《贵阳市南明河水环境综合整治项目二期工程之河道综合整治工程服务协议》，组成贵阳市南明河水环境综合整治项目二期工程不可分割的协议体系。

项目总投资 27.27 亿元，其中，第一阶段投资约 20.27 亿元，第二阶段投资约 7 亿元。污水处理厂及污泥处置中心特许经营权作价收入约 4.74 亿元，全部专项用于项目建设，项目公司安排资本金 8.5 亿元，剩余 14.03 亿元资金缺口由项目公司融资解决。项目已列入国家开发银行总行针对国家部委 PPP 示范项目的支持清单，已启动国家开发银行总行、香港分行及贵州分行的联合评审，预计在 2014 年 11 月底前完成总行评审。面对流域治理工程内容庞杂、时间周期长和信用结构难等问题，在政府主导下，发挥社会资本长期市场化运作的丰富经验和强大实力，创新推进“治理结构、法人、现金流、信用”四项建设，按照PPP项目模式，建立政府、水务专业投资运营公司、国家政策性银行“银政企”三方全方位深度合作伙伴关系。为利于日常现金流回笼及融资还款资金保障，借款人在市级财政设立“偿债专户”进行有效管理，用于归集项目还款来源的各项收入资金，并接受银行监管；同时按规定程序报经市级人大批准，纳入政府专项预算管理，以进一步保障稳定现金流。

（3）借鉴价值

A. 政府主导、机制创新

政府成立南明河项目指挥部，做好“裁判员”，社会投资人做好“运动员”，双方权责明晰。南明河项目在流域治理领域具有先进性和示范性。目前国内流域治理仍然存在“头疼医头、脚疼医脚”条块分割多头治水等弊端，南明河治理统筹整治任务，统一规划，分步实施，系统推进。将水的收集、净化、回用作为整体，形成循环系统。

项目采取PPP模式，强化政府监管，并大大缓解财政短期支付压力，社会投资人负责项目的设计、投资、建设、运营，并对最终的治理效果负责；体现出对社会资本有市场吸引力的行业收益水平，实现项目全生命周期、公共服务高质量供给与地方财政中长期可持续支付能力相协同，有效降低成本，减少投资盲目性。

B. 依法治理、科技支撑

依法依规对项目进行招投标及审批工作。在投融资上，社会资本负责项目总体投资，政府通过购买公共服务平衡项目投资及收益。按照“流域统筹、系统治理、上下游共治”的原则，实现污水处理再生利用的就地处理、就近回用，规划调整后，可节省管网收集系统、调水补水等建设投资十余亿元，每年节省再生水利用等运行费用约3000万元。

统筹再生水和雨水利用，提升污水处理厂出水水质标准（COD、氨氮为Ⅳ类标准，其余指标为一级A标）达到再生水要求，建设人工湿地对雨水、再生水进一步生态处理，提供丰富的再生水资源，作为流域内中水回用及河道景观用水补充，每年可以节省调水费1.58亿元。

在城市中心区充分利用地下空间建设土地集约型、环境友好型、资源利用型下沉式污水处理厂。项目投资省、质量高、速度快、效果好、土地节约、提高效率等效果明显。

C. 全民参与、长治久清

通过邀请人大代表、政协委员及市民代表参与专家评审会等多方式与市民宣传互动，强化全民参与意识，营造人人爱护“母亲河”的良好氛围。在治理的同时不断完善南明河流域长效管理机制，加大违法排污查处力度，逐步提高市民文明度及环保意识，真正实现南明河的长治久清。

8. 南宁市那考河 PPP 项目

（1）项目概况

“中国水城”是南宁市委、市政府高度重视的建设项目，根据《广西南宁市“中国水城”规划建设指导意见》，南宁市将对18条内河进行环境综合整治，实现相邻水系互联互通，形成18条景观生态廊道，最终形成“蓝脉绿羽”的城市内河水系和绿地景观系统结构。竹排江作为南宁市城区主要内河之一，担负着排洪、景观等多种功能，是南宁市“中国水城”建设的重要组成部分。而竹排江的上游植物园段河道位于南湖—竹排江水系的上游，具有重要的城市水系生态价值以及城市休闲作用。

目前，竹排江上游植物园段水质为劣V类，污染严重，基本上成为纳污河。主要的污染源为上游的养殖企业和沿线的村庄、企业和村民的生产生活产生的污水，严重影响了南湖—竹排江水系一期工程的整体效果。为达到《广西南宁市“中国水城”规划建设指导意见》和《南湖—竹排江水系环境综合整治工程总体规划》的建设目标，恢复此河道两岸的生态景观，满足人们休闲生活的需要，提升城市环境景观，有必要对竹排江上游进行综合治理，从而彻底改善整个流域的生态环境。在财政部推行基础设施及公用事业领域PPP模式的大背景下，南宁市政府启动了南宁市竹排江上游植物园段（那考河）流域治理PPP项目，并授权南宁市城市内河管理处担任项目实施机构，引入合适的社会投资人，与政府方合作组建项目公司负责项目的设计、投资、建设和运营。

项目红线范围南起规划的茅桥湖北岸，穿湘桂铁路、长堽路、厢竹大道、药用植物园、昆仑大道，北至环城高速路，治理主河道长5.4km，支流河道1.235km，全长6.635km。另外，下游污水处理厂用地（茅桥湖）也纳入项目红线范围。

项目原名为“竹排江上游植物园段环境综合整治工程”，原项目已取得立项、可研、用地、环保、规划批复，并已完成方案设计（河道工程和截污工程）和初步设计。

2014年，项目更名为“南宁市竹排江上游植物园段（那考河）流域治理PPP项目”。目前，项目已完成社会投资人的资格预审，后续将按照《财政部关于推广运用政府和社会资本合作模式有关问题的通知》（财金〔2014〕76号）相关精神以及《关于印发政府和社会资本合作模式操作指南（试行）的通知》（财金〔2014〕113号）的相关规定，以“公开、公平、公正、科学择优”的原则，采取竞争性磋商的方式确定 PPP 项目投资人。待项目投资人最终确定后，将根据中选投资人提交的项目建设方案，按照南宁市有关城建项目管理规定重新完成“立项、可研、用地、环保、规划、初步设计”等工作，在得到南宁市相关政府部门的批复后正式开工建设，竣工后继续开展运营维护等工作。

（2）运作模式

A. 项目运作方式

项目具有投资额大、技术与交易结构复杂等特点，为保证政府方与社会投资人在较长的合作期限内充分发挥各自优势，建议项目采用 DBFO（设计–建造–融资–运营）的运作方式。具体来说，由政府方出资代表与社会投资人共同出资组建项目公司，双方的股比为1：9。其中，征地拆迁费、建设单位管理费等各项前期费用由政府方代为垫付，待未来项目公司成立后将该笔前期费用返还给政府方。项目公司负责项目的设计、投资、建设与运营维护，政府在运营期开始后依据绩效考核标准进行付费。合作期满，项目设施等项目资产使用权和经营权无偿移交至政府指定机构，或在同等条件下优先委托项目公司继续运营。

需要指出的是，在 DBFO 模式下，项目公司同时负责项目的设计、建设和运营维护三个阶段的核心工作，这有利于项目公司基于全生命周期成本对项目工程设计、建设工期和工程质量进行管控。项目公司前期有效、合理的工程设计，将会提高建设质量，降低运营维护成本；同时越早完成项目建设并进入运营维护期，则可以越早获得政府购买服务的付费。

B. 项目交易结构

项目由政府方出资代表与社会投资人合资组建项目公司，由项目公司承担项目的设计、投资、建设、运营维护等职责。其中，政府方出资代表持股 10%，社会投资人持股 90%。项目公司注册资本金不应少于项目总投资的 20%，暂定为 2 亿元。项目公司注册资本金与项目投资总额之间的差额由社会资本方以银行贷款等方式予以解决。南宁建宁水务投资集团有限责任公司（以下简称建宁水务）作为国有水务集团，兼具国有属性及水务行业的专业性，因此由建宁水务作为政府方出资代表。

项目公司股权结构如表 2-3 所示。

表 2-3　项目公司股权结构

主体	股权比例	出资额	备注
政府方出资代表（建宁水务）	10%	2 000 万元	现金出资 2 000 万元。征地拆迁费、建设单位管理费等各项由政府方垫付的前期费用，待未来项目公司成立后将该笔费用返还给政府方
社会投资人	90%	18 000 万元	现金出资 18 000 亿元

项目公司的经营范围包括建筑工程施工、河道工程施工、管道施工及维修、园林绿化工程施工、生态环境调查和监测、生态修复、流域污染治理等，经批准可以从事旅游、广告和商业物业经营等业务，最终需以工商部门注册登记为准。项目公司应保证其经营活动、经营范围和项目资产使用仅限于为了实施项目合同下的项目建设、运营和移交之目的，未经项目实施机构书面许可和政府部门批准，不得从事其他经营活动。

C. 投融资结构

项目投融资结构主要说明项目资本性支出的资金来源、性质和用途，以及项目资产的形成和转移过程等，如图2-5所示。

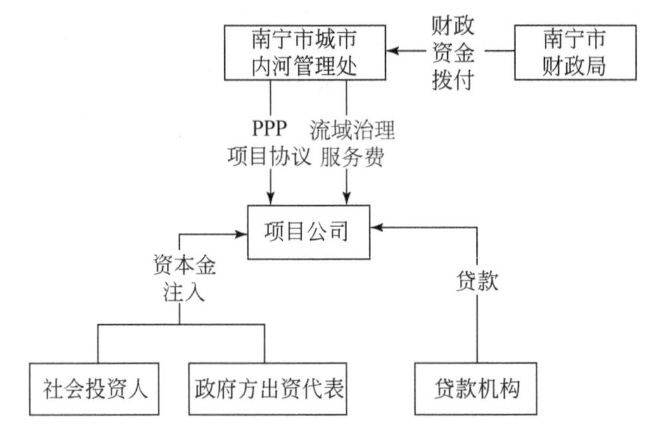

图2-5　交易结构

项目估算投资额10.01亿元，其中项目公司注册资本金不低于总投资额的20%，其余部分为负债融资。项目公司可采用的融资方式主要包括股东担保融资、有限追索权项目融资和无追索权项目融资。

为隔离项目风险、厘清债务和风险承担边界，对项目较为适用和实际的融资方式为有限追索权项目融资方式。有限追索权项目融资方式下，项目建设期内，由项目公司社会投资人股东按照合资协议和项目公司章程中的相关约定，为项目公司的债务融资提供担保。项目建设完工后，转为无追索权项目融资，社会投资人股东撤销在建设期提供的担保，转为以项目资产抵押、项目收益权质押及项目保险受益权质押等项目自身拥有的资产或权益进行担保（须经项目实施机构同意）。

项目由项目公司承担投资和建设职责，引入的社会资本将为项目公司提供包括项目设计、原材料及设备采购、工程施工、资产维护等一系列有关项目资产形成和维护的服务。在整个合作期内，政府方拥有项目新建设施的所有权；项目公司享有占有、使用、收益权，但无处置权。PPP 项目协议期满时，项目公司应按照 PPP 项目协议约定的机制、流程和资产范围，将项目所有资产和设施无偿移交给政府指定机构。

D. 回报机制

项目的回报机制包括项目自身的回报机制以及项目公司股东的回报机制两个层面。

项目回报机制：通常项目回报机制包括使用者付费、政府付费和政府可行性缺口补贴三种方式。项目可能的资金回报途径有河道项目物业租赁、广告等产出收益（如有）。通过对河道两岸进行旅游、无污染的简单商业开发，可以一定程度上增加项目收益，降低政府支付压力。政府购买服务支出即政府支付的流域治理服务费。政府在项目运营期内采用购买服务的方式按效果付费（含项目所有工程的初始投资成本、资金占用成本及运营成本）。

股东回报机制：各方股东投入的资本金及回报主要通过项目公司的利润和其他剩余权益分配收回，具体分配方式以项目公司章程约定为准。通常情况下，各方股东按照实际到位的注册资本比例进行利润和其他剩余权益分配。具体而言，项目的政府方出资代表（建宁水务）和社会投资人按照 10% ：90% 的比例参与项目公司分红。

（3）借鉴价值

A. 发挥社会资本优势，增加公共服务供给

借助社会资本的资本优势，有助于缓解短期内政府方的财政压力，从而突破资金瓶颈，加快河道治理设施及相关沿河公用设施的建设，增加近期公共服务（雨水收集、污水处理及回用、河道整治、水体修复等水生态环境服务以及沿岸景观塑造服务等）供给。例如，随着项目的实施，以 2014 年平均水量 3 万 m^3/d 计算，南宁市每年 COD 削减量约 1. 2 万 t，氨氮削减量约 0. 1 万 t，同时项目也将每年为南宁市提供河道补水、景观用水、绿化用水、市政中水共计约 1080 万 t（3×360 = 1080 万 t 污水处理量）。

B. 风险分配优化

在项目拟采取的操作模式中，社会资本方为追求一定的合理收益，将自愿承担与其收益相对等的项目设计、投资、建设、运营和维护风险。从政府方的角度来看，在明确投资回报机制的同时，可以将绝大部分核心风险转移给更有能力管控它的社会资本方，从而切实降低风险发生的概率，减轻风险带来的损失。如此风险分配框架符合最优风险分配原则、风险收益对等原则与风险有上限原则。

C. 提高运营效率

因项目涉及河道整治、河道截污、河道生态改善、污水处理厂建设等多个系统工程，对于综合治理者的专业技术和管理水平要求较高。通过引入专业社会资本，一来可有效解决政府方专业综合技术能力不足的问题，保障项目运营的可持续性，二来“让专业的人做专业的事”，政府部门和社会资本方通过合理分工和加强协调，在激励机制的作用下，可带来“1+1>2”的项目运营效果，即有效提升公共服务效率。

D. 节约全生命周期成本

从全生命周期来考虑，项目采取 PPP 模式比采用传统模式更能起到节约成本的作用。一方面，社会资本方将设计和施工进行无缝对接（传统方式下分开实施），在建设管理上更有优势，更重要的是项目建成后仍由社会资本方继续负责运营，其有很大的激励在保证质量的前提下尽可能降低建设成本和建设质量，因此也就避免了传统方式下的“三超”和“豆腐渣”工程。另一方面，项目后续运营管理是社会资本方的优势或专长所在，通过借助竞争程序，社会资本的报价将尽可能放大其在运营成本控制方面的优势。

E. 发挥规模经济效益

项目涉及河道整治、雨水收储、污水处理及回用、沿岸景观、信息化监控、水体修复工程等系统工程。无论是项目建设还是运营领域，“打包”操作有助于形成规模经济，发挥规模经济的优势，如成本下降、管理人员和工程技术人员的专业化与精简、有利于新技术的开发等。

F. 提升产业经济效益

项目作为南宁市和广西的首个 PPP 项目，具有可复制性与示范效应，项目经验可供南宁市乃至广西的其他项目学习、借鉴。未来，项目公司可在项目成功运作的基础上对外进行水环境综合治理技术、工程及运营服务的输出，推动相关上下游产业发展，提升南宁市乃至广西的产业经济效益。

G. 促进创新和公平竞争

项目通过引入北控水务集团、北京排水集团、北京城建道桥建设集团有限公司等多家社会投资人参与竞争，可以有效促成良好的公平竞争局面，通过充分竞争获得最优社会资本方报价方案。此外，项目要求社会资本方自行提出具体的技术方案，为在竞争中占据有利地位，社会资本方将更加重视技术创新与成本节约。如此一来，也将有利于实现政府、企业、百姓的多方共赢。

9. 长春市汇津污水处理厂 PPP 项目

（1）项目概况

1999 年，长春市政府对该市污水处理项目进行招商。

2000 年，香港汇津（中国）污水处理有限公司投资 0. 32 亿美元，建成了长春第一座污水处理厂，成为我国第一个利用外资直接投资的污水处理工程。

2000 年 7 月中旬，长春市政府颁发《长春汇津污水处理专营管理办法》，长春市政府授权长春水务集团城市排水有限责任公司（以下简称市排水公司）与香港汇津（中国）污水处理有限公司订立项目合作合同，共同出资设立长春汇津污水处理有限责任公司（以下简称汇津有限公司），汇津有限公司的经营期限为 21 年，注册资本为 3. 2 亿元，其中市排水公司出资 0. 5 亿元（占注册资本的 15. 6%），香港汇津（中国）污水处理有限公司出资 2. 7 亿元（占注册资本的 84. 4%）。

（2）运作模式

汇津有限公司负责长春市北郊污水处理厂的建设和经营项目，由市排水公司向汇津有限公司供应污水，由汇津有限公司进行污水处理，长春市政府授权长春水务集团自来水有限公司（以下简称自来水公司）向自来水用户收取污水处理费，然后由自来水公司将收到的污水处理费上缴至长春市财政局，由市财政局按月将污水处理费拨付到市排水公司专用账户，最后由市排水公司向汇津有限公司支付污水处理费。污水处理厂在 2000 年投产后一直运行良好。市排水公司与汇津有限公司签订的《合作企业合同》中规定：①市排水公司每天应当提供不少于 39 万 t 污水的“标准污水量”，任何一个月的“实际污水量”达不到该月“标准污水量”总和时，则按照 39 万 t 计算污水处理量。上述内容属于固定的污水处理保底量，由固定的污水处理保底量导致固定的最低污水处理费的保底价格。②污水处理费 0. 60 元/t，从 2002 年 1 月 1 日起，每年对污水处理价格进行上调，在任何情况下，均不得低于每两年上调 4% 的幅度，上述内容属于在固定保底价格基础上固定的给外方回报要逐年增加。③若“结算日”的人民币兑换美元的汇率比“出资日”的人民币兑换美元的汇率下调超过 5%，则“结算日”应收的污水处理费应相应上调。上述内容属于固定的最低保底汇价。④如果因电价和税费发生变化以及国家、省、市征收城建费，均按实际发生的额外生产成本和实际支出加在污水处理费之上，由甲方支付给公司。上述内容属于固定的污水处理费定价条件。

（3）出现的问题

项目正常运行两年后，从 2002 年开始，市排水公司开始拖欠污水处理费；2003 年 2 月 28 日，长春市政府颁发了《关于废止〈长春汇津污水处理专营管理办法〉》（长府发〔2003〕4 号）的决定，废除了《长春汇津污水处理专营管理办法》。长春市政府认为，《长春汇津污水处理专营办法》违反了国家有关“固定回报”的相关规定以及《中华人民共和国中外合资经营企业法》《中华人民共和国中外合作经营企业法》等相关法律，经长春市常务会议讨论决定予以废止。

《长春汇津污水处理专营管理办法》废止后，市排水公司不再向合作企业支付污水处理费；2003 年 3 月开始，市排水公司完全停止支付污水处理费；截至 2003 年 10 月底，长春市政府总共拖欠合作企业污水处理费约 9700 万元。此后，汇津有限公司多次与长春市政府和市排水公司进行交涉，要求其按照合约支付拖欠的污水处理费，但一直没有得到任何的答复。2003 年 8 月，汇津有限公司向长春市中级人民法院提起行政诉讼，2003 年 12 月底，长春市中级人民法院判决驳回原告的诉讼请求。2004 年 1 月 8 日，汇津有限公司向吉林省高级人民法院递交了诉状。一审法院在案件的审理过程中列举了《合作企业合同》中的大量关于合作双方权利、义务的条款，以此来证明该项目违反了《中华人民共和国中外合作经营企业法》的“利益共享、风险共担”的原则，属于固定回报项目，属于《国务院办公厅关于妥善处理现有保证外方投资固定回报项目有关问题的通知》（国办发〔2002〕43 号）文件规定的保证外方投资固定回报的项目，汇津有限公司败诉。2005 年 8 月，轰动一时的长春汇津污水处理厂 PPP 项目经过近两年的法律纠纷，最终以长春市政府回购而结束。据悉，回购金额为 2. 8 亿元，长春市政府将分三次支付。

（4）借鉴价值

A. 没有合理的风险共担机制

在 PPP 项目中，应将风险分配给最有能力承担且能产生最大项目效益的一方，因为它最能控制该风险。汇津项目能产生最大项目效益的一方是汇津有限公司，但是由于长春市政府与汇津有限公司签订的合同采用了固定回报的方式，使得汇津有限公司得到了最大的收益过程中并没有承担起该项目相应的风险，反而是长春市政府承担起了该项目的最大风险，没有形成合理的风险共担机制，为该项目的失败埋下了最大的隐患。

B. 缺乏契约精神

污水处理行业具有一定的特殊性，投资规模大，资金回收期长，而且排污费的收取和利用权都由政府一手掌握，污水处理费的价格与收取，一般都采取“照付不议”的原则。现阶段我国众多城市的污水处理 PPP 项目都存在间接固定回报的特点，这主要是因为我国各地地方政府为了吸引资金，或者因为部分政府官员的寻租需求，往往会向投资者承诺过高的利润回报，同时又要对购买量和价格提供保障。长春市汇津污水处理厂 PPP 项目中，在签订的 PPP 合作合同中固定了污水处理的保底量和保底价格，固定了汇率和定价条件，对投资者轻易承诺过高的回报利润。然而 PPP 项目一般周期较长，通常要经历当地数届政府，后面几届政府出于自身利益的考虑，会拒绝按原有合作承诺的购买数量和购买价格兑现合同，而要求修改合同条款，甚至单方面取消合同。

C. 政策风险和政府监管的缺失

我国目前对 PPP 一类特许权的出（受）让的法规还只是在通知、意见、办法和暂行规定层次上，远没有到法律能界定双方权利和义务的程度。一旦发生纠纷，政府和民间投资者在法律地位上往往并不对等，通常采用《中华人民共和国合同法》，但《中华人民共和国合同法》第一百二十六条规定："涉外合同的当事人可以选择处理合同争议所适用的法律，但法律另有规定的除外"，因此政府就会借助于此规定，要求取消或修改合同。长春市汇津污水处理厂 PPP 项目签订的带有固定投资回报性质的合同就是在《国务院办公厅关于妥善处理现有保证外方投资回报项目有关问题的通知》（国办发〔2002〕43 号）的名义下被取消和修改的。我国目前现有的规范已远远不能满足我国推广 PPP 投融资模式的需要，存在着法律效力层次低、条文内容简陋、许多立法空白、相关法律落后等问题，甚至我国现行的各项法规之间还存在着矛盾和冲突。

长春市汇津污水处理厂 PPP 项目存在的问题很大程度上影响了国内外投资者对我国政治风险的预期和担忧，也使得我国政府在 PPP 项目谈判过程中无法可依、无所适从，这势必会影响和制约我国 PPP 模式的健康发展。建立一部系统完整的 PPP 立法，规范 PPP 模式的操作程序和运作方法，制订有关 PPP 管理办法和相关框架文件已成为急需弥补的立法空白，只有建立了完善的 PPP 立法，才能使我国 PPP 项目有法可依，进而增加投资者的信心。

2.2.3 北京 PPP 实践

1. 北京地铁 4 号线项目

（1）项目概况

北京地铁 4 号线是北京市轨道交通路网中的主干线之一，南起丰台区南四环公益西桥，途经西城区，北至海淀区安河桥北，线路全长 28.2km，车站总数 24 座。4 号线工程概算总投资 153 亿元，于 2004 年 8 月正式开工，2009 年 9 月 28 日通车试运营。

北京地铁 4 号线是我国城市轨道交通领域的首个 PPP 项目，该项目由北京市基础设施投资有限公司（以下简称京投公司）具体实施。2011 年，北京金准咨询有限责任公司和天津理工大学按国家发展和改革委员会、北京市发展和改革委员会要求，组成课题组对项目实施效果进行了专题评价研究。评价认为，北京地铁 4 号线项目顺应国家投资体制改革方向，在我国城市轨道交通领域首次探索和实施市场化 PPP 模式，有效缓解了当时北京市政府投资压力，实现了北京市轨道交通行业投资和运营主体多元化突破，形成同业激励的格局，促进了技术进步和管理水平、服务水平提升。从实际情况分析，北京地铁 4 号线应用 PPP 模式进行投资建设已取得阶段性成功，项目实施效果良好。

（2）运作模式

A. 具体模式

北京地铁 4 号线工程投资建设分为 A、B 两个相对独立的部分：A 部分为洞体、车站等土建工程，投资额约为 107 亿元，约占项目总投资的 70%，由北京市政府国有独资企业京投公司成立的全资子公司 4 号线公司负责；B 部分为车辆、信号等设备部分，投资额约为 46 亿元，约占项目总投资的 30%，由 PPP 项目公司北京京港地铁有限公司（以下简称京港地铁）负责。京港地铁由京投公司、香港铁路有限公司（以下简称港铁公司）和北京首都创业集团有限公司（以下简称首创集团）按 2∶49∶49 的出资比例组建。北京地铁 4 号线 PPP 模式如图 2-6 所示。

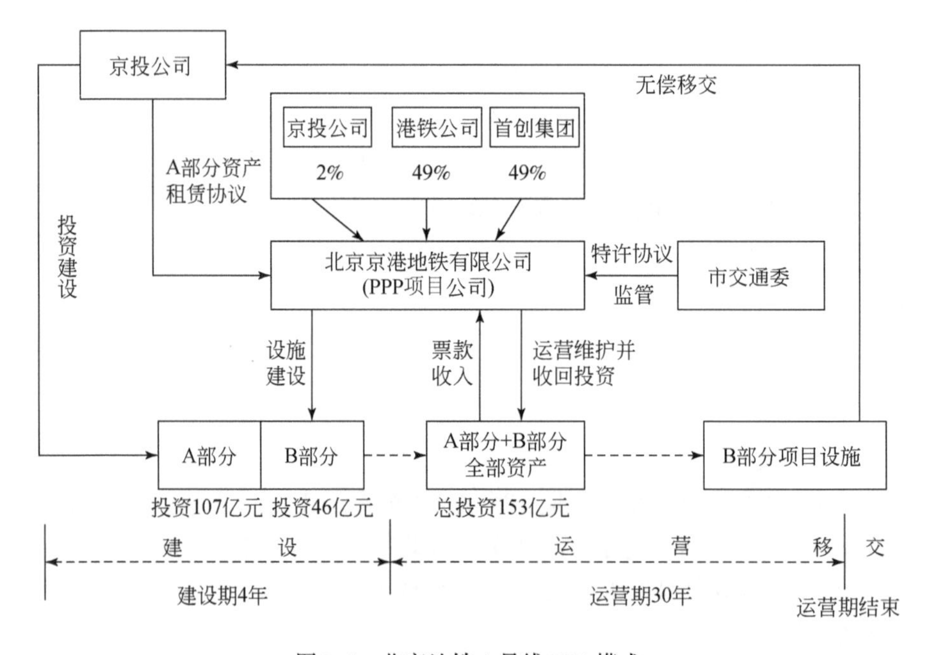

图 2-6　北京地铁 4 号线 PPP 模式

北京地铁 4 号线项目竣工验收后，京港地铁通过租赁取得 4 号线公司的 A 部分资产的使用权。京港地铁负责北京地铁 4 号线的运营管理、全部设施（包括 A 和 B 两部分）的维护和除洞体外的资产更新以及站内的商业经营，通过地铁票款收入及站内商业经营收入回收投资并获得合理投资收益。

30 年特许经营期结束后，京港地铁将 B 部分项目设施完好、无偿地移交给市政府指定部门，将 A 部分项目设施归还给 4 号线公司。

B. 实施流程

北京地铁 4 号线项目实施过程大致可分为两个阶段，第一阶段为由北京市发展和改革委员会主导的实施方案编制和审批阶段；第二阶段为由北京市交通委员会主导的投资人竞争性谈判比选阶段。

经市政府批准，北京市交通委员会与京港地铁于 2006 年 4 月 12 日正式签署特许经营协议。

C. 协议体系

北京地铁 4 号线项目的参与方较多，项目合同结构如图 2-7 所示。

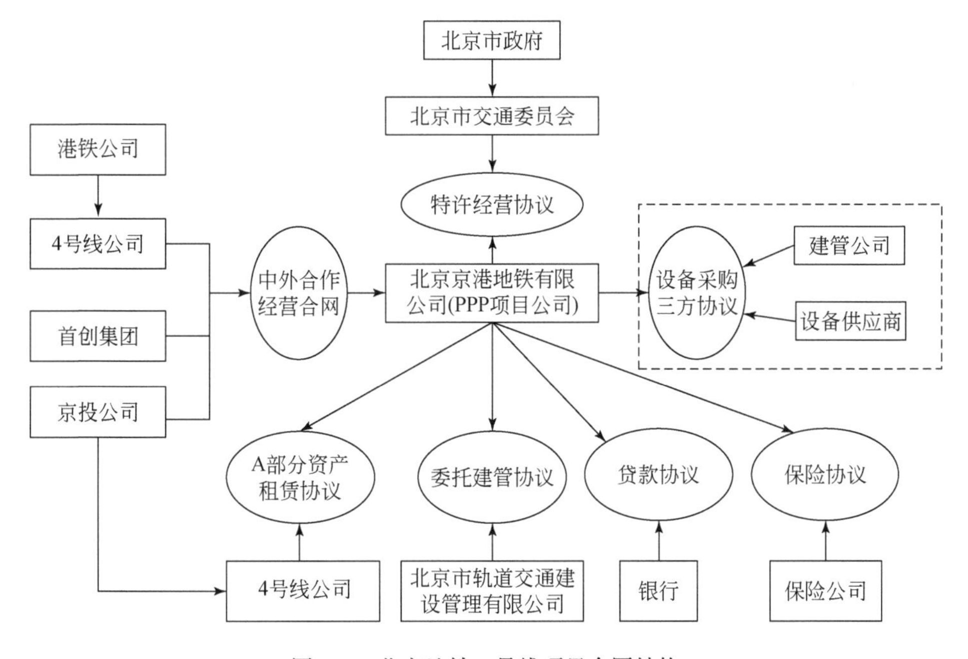

图 2-7　北京地铁 4 号线项目合同结构

特许经营协议是 PPP 项目的核心，为 PPP 项目投资建设和运营管理提供了明确的依据和坚实的法律保障。北京地铁 4 号线项目特许经营协议由主协议、16 个附件协议以及后续的补充协议共同构成，涵盖了投资、建设、试运营、运营、移交各个阶段，形成了一个完整的合同体系。

D. 主要权利义务的约定

a. 北京市政府

北京市政府及其职能部门的权利义务主要如下。

建设阶段：负责项目 A 部分的建设和 B 部分质量的监管，主要包括制定项目建设标准（包括设计、施工和验收标准），对工程的建设进度、质量进行监督和检查，以及项目的试运行和竣工验收，审批竣工验收报告等。

运营阶段：负责对项目进行监管，包括制定运营和票价标准并监督京港地铁执行，当发生紧急事件时，统一调度或临时接管项目设施；协调京港地铁和其他线路的运营商建立相应的收入分配分账机制及相关配套办法。

此外，因政府要求或法律变更导致京港地铁建设或运营成本增加时，政府方负责给予其合理补偿。

b. 京港地铁

京港地铁作为项目 B 部分的投资建设责任主体，负责项目资金筹措、建设管理和运营。为方便 A、B 两部分的施工衔接，协议要求京港地铁将 B 部分的建设管理任务委托给 A 部分的建设管理单位。

运营阶段：京港地铁在特许经营期内利用北京地铁 4 号线项目设施自主经营，提供客运服务并获得票款收入。协议要求，京港地铁须保持充分的客运服务能力和高效的客运服务质量，同时，须遵照《北京市城市轨道交通安全运营管理办法》的规定，建立安全管理系统，制定和实施安全演习计划以及应急处理预案等措施，保证项目安全运营。在遵守相关法律法规，特别是运营安全规定的前提下，京港地铁可以利用项目设施从事广告、通信等商业经营并取得相关收益。

（3）借鉴价值

A. 建立有力的政策保障体系

北京地铁 4 号线项目的成功实施，得益于政府方的积极协调，为项目推进提供了全方位保障。在整个项目实施过程中，政府由以往的领导者转变成了全程参与者和全力保障者，并为项目配套出台了《关于本市深化城市基础设施投融资体制改革的实施意见》等相关政策。为推动项目有效实施，政府成立了由市政府副秘书长牵头的招商领导小组；市发展和改革委员会主导完成了北京地铁 4 号线项目实施方案；市交通委员会主导谈判；京投公司在这一过程中负责具体操作和研究。

B. 构建合理的收益分配及风险分担机制

北京地铁 4 号线项目中政府方和社会投资人的顺畅合作，得益于项目具有合理的收益分配机制以及有效的风险分担机制。该项目通过票价机制和客流机制的巧妙设计，在社会投资人的经济利益和政府方的公共利益之间找到了有效平衡点，在为社会投资人带来合理预期收益的同时，提高了北京市轨道交通领域的管理和服务效率。

a. 票价机制

北京地铁 4 号线运营票价实行政府定价管理，实际平均人次票价不能完全反映地铁线路本身的运行成本和合理收益等财务特征。因此，项目采用“测算票价”作为确定投资方运营收入的依据，同时建立了测算票价的调整机制。以测算票价为基础，特许经营协议中约定了相应的票价差额补偿和收益分享机制，构建了票价风险的分担机制。如果实际票价收入水平低于测算票价收入水平，市政府需就其差额给予特许经营公司补偿。如果实际票价收入水平高于测算票价收入水平，特许经营公司应将其差额的 70% 返还给市政府。

b. 客流机制

票款是北京地铁 4 号线实现盈利的主要收入来源，由于采用政府定价，客流量成为影响项目收益的主要因素。客流量既受特许公司服务质量的影响，也受市政府城市规划等因素的影响，因此需要建立一种风险共担、收益共享的客流机制。

北京地铁 4 号线项目的客流机制为：当客流量连续三年低于预测客流的 80% 时，特许经营公司可申请补偿，或者放弃项目；当客流量超过预测客流时，政府分享超出预测客流量 10% 以内票款收入的 50%、超出客流量 10% 以上的票款收入的 60%。

北京地铁 4 号线项目的客流机制充分考虑了市场因素和政策因素，其共担客流风险、共享客流收益的机制符合轨道交通行业特点和 PPP 模式要求。

C. 建立完备的 PPP 项目监管体系

北京地铁 4 号线项目的持续运转，得益于项目具有相对完备的监管体系。清晰确定政府与市场的边界、详细设计相应监管机制是 PPP 模式下做好政府监管工作的关键。

北京地铁 4 号线项目中，政府的监督主要体现在文件、计划、申请的审批，建设、试运营的验收、备案，运营过程和服务质量的监督检查三个方面，既体现了不同阶段的控制，也体现了事前、事中、事后的全过程控制。

北京地铁 4 号线的监管体系在监管范围上，包括投资、建设、运营的全过程；在监督时序上，包括事前监管、事中监管和事后监管；在监管标准上，结合具体内容，遵守了能量化的尽量量化，不能量化的尽量细化的原则。

2. 北京市兴延高速公路 PPP 项目

（1）项目概况

北京市兴延高速公路 PPP 项目位于北京市京藏高速公路以西，南起北京市西北六环路双横立交，北至延庆京藏高速营城子立交收费站以北。北京市兴延高速公路是 2019 年世界园艺博览会（以下简称世园会）外围配套交通项目，也是 2022 年冬季奥林匹克运动会（以下简称冬奥会）中心城与延庆比赛场地的主要联络通道之一。兴延高速路线全长 42.2km，双向四车道，预留两车道。该公路设计时速为平原地区每小时 100km，山区及隧道每小时 80km，采用高速公路标准建设。

项目总投资约 130.96 亿元，其中政府方出资约占项目总投资的 25%，其余资金由项目公司通过融资解决。项目公司由北京市首都公路发展集团有限公司（以下简称首发集团）作为政府出资代表和中铁十二局集团有限公司及中铁十四局集团有限公司联合体（以下简称中铁建联合体）按照 49%：51% 的比例共同出资，首发集团不参与分红。

随着京津冀一体化国家战略的推进实施、2019 年延庆世园会和 2022 年冬奥会等重大赛事及博览会的举办，北京市配套建设的交通基础设施投资规模将超过亿元，政府投资压力突显，亟须对新建高速公路投融资机制进行改革。同时，2014 年以来国务院及各部委大力推进 PPP 模式并出台了一系列相关指导文件，为全国公共基础设施 PPP 项目实施提供了充足依据。

在此背景下，北京市交通委员会、北京市发展和改革委员会积极响应国家和北京市政府倡导推进 PPP 政策导向，出台了鼓励社会投资人参与北京市高速公路投资建设的相关政策文件。为了创造更好的市场化条件，北京市政府对未来一段时期拟实施的多条高速公路项目安排了资本金补助。

北京市兴延高速公路项目是北京市推进的第一个高速公路 PPP 项目，自 2015 年初启动研究和准备工作，于 2015 年 9 月选定社会投资人，于 2018 年完工通车。

北京市交通委员会为该项目实施机构，负责全过程统筹管理；首发集团作为政府出资代表，协助北京市交通委员会推进项目落地并履约执行。

项目招商采用公开招标的方式，严格按照国家及北京市相关法规的流程和规定进行，最终选定中国铁建股份有限公司（牵头人）、中铁建联合体为社会投资人。

该项目为北京市工程咨询有限公司 PPP 咨询中心提供 PPP 全过程技术支撑和咨询服务。

（2）运作模式

A. 具体模式

项目采用 BOT 方式运作。由首发集团作为政府出资代表与中铁建联合体共同成立北京兴延高速公路有限公司，北京市政府授权北京市交通委员会与项目公司签署 PPP 合同，授权项目公司进行高速公路投资、建设、运营管理。特许经营期分为建设期和运营期两个阶段，其中建设期至 2018 年底，运营期为 25 年，特许经营期限届满将项目资产无偿移交政府，项目结构如图 2-8 所示。

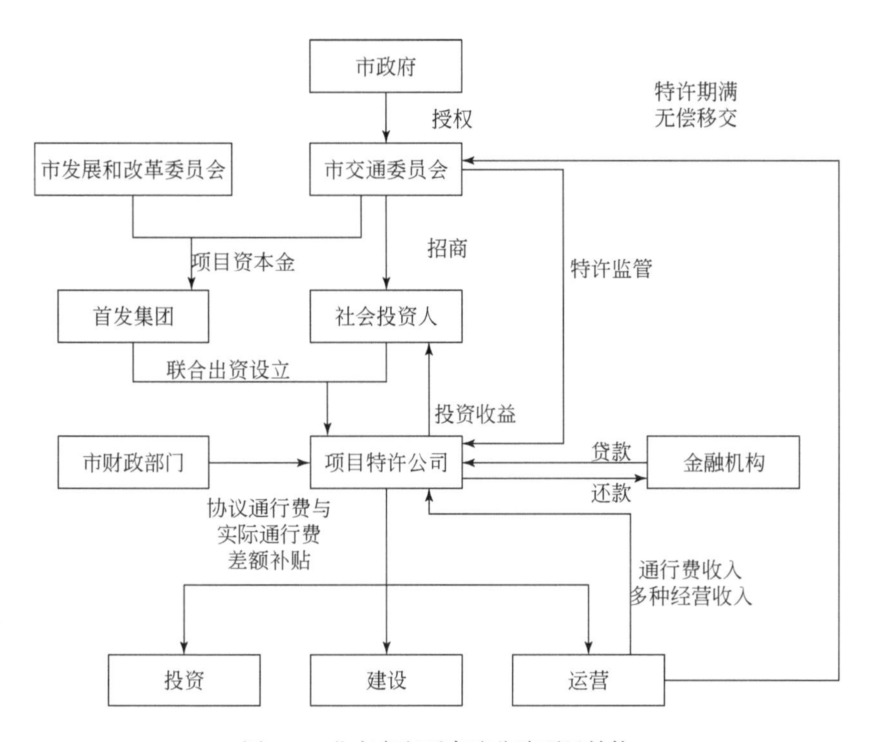

图 2-8　北京市兴延高速公路项目结构

B. 实施流程

a. 项目识别阶段

2014 年 12 月，北京市发展和改革委员会、北京市交通委员会向市政府上报了《关于完善首发集团资金筹措机制的意见》（京发改文〔2014〕60 号），建议采用 PPP 模式实施需新建的兴延高速等 8 条高速公路建设，其中兴延高速公路被确定为北京市采用 PPP 模式实施的首条高速公路，并于 2015 年 1 月正式启动 PPP 项目研究工作。

b. 项目准备阶段

北京市交通委员会作为项目实施机构，协调北京市发展和改革委员会、北京市财政局等相关部门，对项目实施方案的主要内容进行反复研究和充分论证，确定了项目基本情况及经济技术指标、风险分配原则、项目运作方式、投融资结构、投资回报机制、合同体系架构、招商方式等关键要点，经过各相关部门的联审联评，最终实施方案于 2015 年 5 月上报市政府审批通过。

c. 项目招商阶段

为保证该项目招商成功，成立由北京市政府副秘书长牵头，北京市交通委员会、北京市发展和改革委员会、北京市财政局及首发集团等相关单位参与的招标领导小组，负责对招商文件中的要点进行决策。领导小组对招标文件中强制性资格文件、双信封评标办法的打分内容及细则、专家组成员、招标平台、PPP 合同条款等核心内容进行了多次研究讨论，最终成稿。项目采用公开招标方式，严格按照国家及北京市相关法律法规推进，最终由中铁建联合体中标成为社会投资人。

d. 项目执行阶段和移交阶段

由首发集团和中铁建联合体共同成立项目公司，与北京市交通委员会签署 PPP 合作协议。通过融资管理、建设和运营管理、绩效检测和支付、中期评估等一系列管理手段保证项目顺利实施。特许经营期限结束后，按规定开展移交准备、性能测试、资产交付及绩效评价工作。

C. 投融资模式

项目建设总投资约 130.96 亿元，其中政府方出资约占总投资的 25%，剩余建设资金缺口由项目公司通过融资解决。项目公司由首发集团作为政府出资代表和中铁建联合体按照 49%：51% 的比例共同出资，首发集团不参与分红，项目投融资结构如图 2-9 所示。

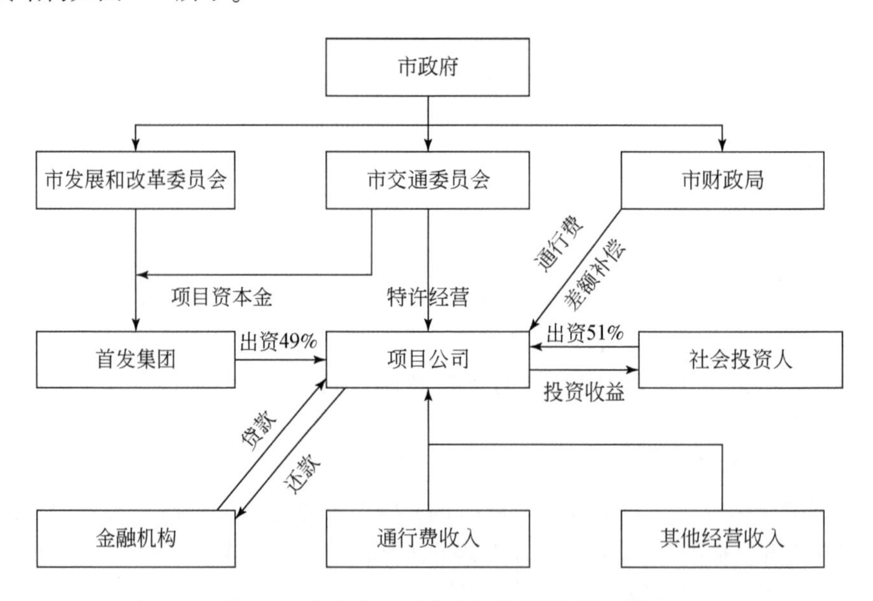

图 2-9　北京市兴延高速公路项目融资结构

D. 项目公司股权结构

项目公司由首发集团及社会投资人共同成立。项目公司注册资本金与项目资本金相等，为 66.82 亿元，其中首发集团利用政府资本金出资约 32.74 亿元（占股 49%），社会投资人出资约 34.08 亿元（占股 51%），作为政府方出资代表的首发集团在项目公司中不参与分红。通过此种股权结构的设计：一是满足财政部要求政府在 PPP 项目公司中的持股比例低于 50% 的规定；二是政府能够通过首发集团参与重大专项的决策，降低信息不对称性，保护公共利益的最大化；三是首发集团在项目公司中不分红，符合政府提供公共服务和产品应体现公益性的原则；四是该项目回报采用资本金收益率测算，政府在项目公司中的股权比例提高，可以变相降低社会投资人资本金比例，进而降低运营期的财政补贴压力。

E. 项目公司法人治理结构

项目公司设董事会，由 5 名董事组成，其中中铁建联合体委派 3 名，首发集团委派 2 名。项目公司设董事长 1 名，由中铁建联合体委派；副董事长 1 名，由首发集团委派。董事长是项目公司法定代表人，负责主持股东会议和召集、主持董事会议，行使董事会授予的相关权利。项目公司设股东会议和董事会议，股东会议由全体股东组成，是项目公司的权力机构，董事会对股东负责，有 2/3 及以上董事出席方可召开。PPP 项目合同中约定的重大事项需全体董事表决通过后方可执行。

F. 投资回报机制

项目投资回报的保障机制为可行性缺口补助。项目公司的收入来源包括车辆通行费和广告牌、加油站的多种经营收入，以及政府按照约定通行费与执行实际通行费标准之间的差价进行的可行性缺口补助。项目车辆通行费实行政府定价管理，由项目公司按照国家相关规定收取。

为有效保障社会投资人的预期投资回报，提高项目的市场化竞争条件，项目设计了保底车流量机制和超额收益分成机制。一是进行保底车流量设计，当运营期年度实际车流量低于预测车流量的一定比例（保底车流量）时，政府将按照保底车流补足通行费。通过公开招标竞争，保底车流量比例由预测车流量的 80% 下降到 75%，有效降低了政府承担的最低车流量风险。二是设计超额收益分成机制，当运营期年度实际车流量超过年度预测车流量时，超出部分的通行费收入将由政府和社会资本分成，政府分成部分用于抵减当年约定通行费补偿，随超额收益比例的升高，政府分成比例逐渐加大，以鼓励社会资本提高运营水平，同时避免超出有效承载能力的过度运营。

G. 主要权利和义务约定

a. 政府方和社会资本的权利界定

项目执行过程中，北京市交通委员会作为实施机构和项目甲方，主要有行使政府监管职能、行使自身行政职能、代表公共利益行使权利、合作期满时获得全部项目资产等权利。

项目公司作为项目乙方，主要有享有政府授予的特许经营权、享有国家和北京市给予的各项优惠政策，以及要求政府方全面履行法律、法规和合同约定的各项义务的权利。

b. 政府方和社会资本的义务界定

项目实施过程中，政府方应遵守相关法律、法规，协助办理项目审批手续，为项目提供良好的建设和运营条件，按合同要求支付项目公司约定通行费补偿。

项目公司应遵守相关法律、法规、建设标准及行业主管部门要求，及时筹措项目资金，做到专款专用，采取有效措施进行项目建设和运营管理，接受政府方在项目全程的监督、管理、审计和检查，不得擅自转让、出租、质押、抵押特许经营权和项目资产，并在合作期满时无偿移交项目资产。

H. 项目合同体系

项目合同体系主要包括 PPP 项目合同、项目公司出资协议、PPP 项目投资协议、项目公司章程、工程承包合同、运营服务合同和保险合同等。该项目合同结构分两层次。

第一层次为由北京市交通委员会、政府出资代表、中选社会投资人、项目公司等主体之间一揽子签署的合同体系。以 PPP 项目合同作为主合同，出资协议、公司章程、各类保函及其他支撑性文件等作为 PPP 项目合同的附件体系，和 PPP 项目合同共同构成一个完整的合同体系。其中 PPP 项目合同是合同体系框架中基础和核心的法律文件，同时投资协议、出资协议、公司章程是构建政府、社会投资人、项目公司法律关系的重要文件。

第二层次为由项目公司和该项目推进过程中的各有关主体签署的合同体系。例如，由项目公司与金融机构之间签署的融资合同、与施工单位之间签署的施工承包合同、与保险机构之间签署的保险合同等。项目合同体系如图 2-10 所示。

I. 主要风险分配框架

该项目基于政府和社会投资方合作关系的长期稳定性，以风险最优分配为核心，综合考虑政府风险管理能力、项目回报机制和市场风险管理能力等要素，在政府力和社会投资方之间合理进行风险分配。

第一，由社会投资方主要承担项目的融资、建设、经营和维护的风险，如利率或融资成本上升、建设成本超支、建设延期、运营成本超支等风险。

第二，对于车流量需求不足风险，由社会投资方承担；但政府方通过设置最低车流量保障机制，减少社会投资方的风险。同时，当实际车流量需求水平高于预期时，设置收益分享机制。

第三，对于不可抗力风险，由双方共同承担。

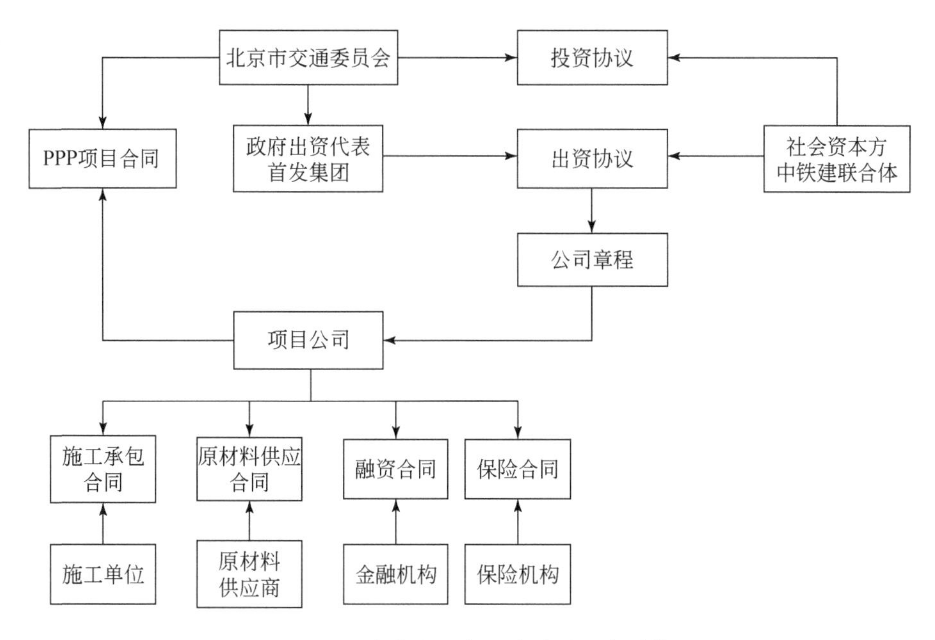

图 2-10　北京市兴延高速公路项目合同体系

第四，对于政策和法律风险，分为两类：一是政府方可控的法律变更引起的损失和成本增加，应由政府方承担；二是超出政府方可控范围的法律变更及政策变化风险（如由国家或上级政府统一颁行的法律以及营业税改增值税等法律、法规和政策风险），由双方共同承担。

J. 征地拆迁风险管控措施

项目公司负责该项目征地拆迁工作，项目公司成立之前由首发集团具体实施。该项目征地拆迁费作为总投资的一部分，按 40 亿元控制。如果项目实际征地拆迁费超出 40 亿元，超出 40 亿元的 5%（含）以内部分由社会资本方承担，超出 40 亿元的 5%（不含）以外部分由政府方承担。

项目公司不依法及时申报有关征用土地手续，未及时足额发放征地拆迁补偿费等社会资本方原因导致的工期延误，由社会资本方承担相关损失。政府方原因未能及时完成征地拆迁工作而导致的工期延误，政府方应就未能及时完成征地拆迁工作的部分相应顺延建设期。

（3）借鉴价值

A. 项目建设意义

该项目是解决北京西北交通瓶颈的重点工程，也是 2019 年延庆世园会和 2022 年冬奥会等重大活动的配套交通基础设施之一，项目建成后将缓解我国华北地区及北京市西北方向的交通压力，有力支持西北方向客货分流政策，进一步促进京津冀区域交通一体化，缩短北京市中心城区与河北省张家口市方向的时空距离，具有十分重要的政治和社会意义。

B. 项目特点

一是项目建设难度大。项目全线共设隧道 5 处，桥梁 11 座，单洞累计全长 31 089m。其中 3km 以上的特长隧道 3 处，最长隧道全长达到 5700m，而之前北京市最长的八达岭潭峪沟隧道长度仅为 3455m。

二是施工工期紧张。由于延庆世园会将于 2019 年 4 月正式开幕，兴延高速公路作为世园会重要的配套基础设施之一，有严格的工期要求，市政府要求兴延高速公路必须于 2018 年 12 月底之前完工。

三是经营收入难以覆盖建设运营成本。根据可研报告报审版，该项目主要的收入来源是车辆的通行费收入。根据测算，项目的经营收入仅能平衡约 14.5 亿元的银行贷款，若无其他经营收入来源，远远无法满足投资人对投资回报的要求。

四是 PPP 模式准备工作难度大。由于国内缺乏同类高速公路 PPP 项目实施案例，需要经过大量调研、认真研究、充分论证，才能保证实施方案关键内容科学合理，另外招标方案、招标文件、合同文件等均无成功范例可依，均需要研究、创新解决。

C. 采用 PPP 模式的创新点

北京市兴延高速公路 PPP 项目通过大胆创新、充分论证，将 PPP 运作模式的各项优点发挥到淋漓尽致，把兴延高速这样一个投资大、工期紧、建设难的低回报项目打造成为对社会资本具有显著吸引力的精品项目。项目创新主要体现在以下五个方面。

一是成为全国高速公路领域首例“约定通行费标准”的项目。通过约定通行费票价机制的设置，创新可行性缺口补助方式，有效保护社会投资人投资回报，提高了对社会投资人的吸引力，为全国高速公路投资回报机制开创了新的路径。

二是合理设计保底车流量和超额利益分成机制。一方面通过财务测算科学合理地确定保底车流量，避免社会投资人承担过大风险，体现风险共担的原则；另一方面通过设置“分梯段”超额利益分成机制，激励社会投资人通过提高运营服务水平吸引车流量，同时避免社会投资人获得不合理的超额收益，体现 PPP“利益共享、风险共担”的原则。

三是构建了合理的收益分配及风险分担机制。通过保底车流量、超额收益分配、征地拆迁风险分担、政府方认可的设计变更补偿等机制的设计，为社会资本带来合理预期收益。合同中相关商务条款、风险分担和利益共享的约定较公平合理，增强对社会资本的吸引力。

四是评标方式采用双信封综合评估法。项目采用公开招标方式，评标过程分为两个阶段，第一阶段主要评审投资人的技术能力、商务条件等指标（第一信封），第二阶段评审投资人对约定通行费标准的报价（第二信封），第一信封和第二信封的内容合理设定权重。通过这种方式，既能选出施工组织管理能力过硬的资本方，又能使约定通行费标准得到充分的竞争。

五是创新编制高速公路 PPP 项目招标文件及合同。现阶段交通主管部门尚无此类项目的招标文件范本，该项目招标文件在综合考虑公路工程和经营性公路建设项目的招标文件范本以及财政部、国家发展和改革委员会关于政府和社会资本合作文件的基础上编制而成，在高速公路 PPP 项目领域属于首创。

D. 项目的重要经验

一是项目依法、合规推进实施。项目以国家相关 PPP 政策文件为依据，同时结合《北京市城市基础设施特许经营条例》，明确 PPP 项目具体实施方式、市政府各相关部门的责任、项目实施流程、项目相关主体权利义务等。

二是政府主导、企业配合、投资人自主决策。首先，北京市政府成立由主管交通的副秘书长牵头的招标工作领导小组，工作组由市交通委员会牵头，市发展和改革委员会、市财政局、市重大项目建设指挥部办公室、市国有资产监督管理委员会、市人民政府法制办公室及相关市属国有企业等部门配合；其次，市属国有企业首发集团负责配合市交通委员会初步提出实施方案、招商方案、调研社会投资人响应度；最后，社会投资人自主决策项目内部收益率，并通过投标响应文件体现。

三是实施方案及招商方案编制合理。项目聘请了专业的第三方咨询机构，负责编制项目 PPP 实施方案、招商文件，组织公开招标等相关事宜，为项目提供全过程咨询服务，有力保障了项目的顺利推进。

四是构建了合理的收益分配及风险分担机制。通过保底车流量、超额收益分配、风险分担、设计变更补偿等机制的设计，为社会投资人带来合理预期收益，在社会投资人的经济利益和政府方的公共利益之间找到了科学合理的平衡点，提升了该项目对社会资本的吸引力。

五是规范运作和充分竞争使得公共利益最大化。该项目整个运作过程规范有序，对潜在投资人产生了较大的吸引力，实现了充分的竞争。所有投标人的商务条件均优于政府预期，最低报价为控制价的 53%。通过公开招标，不但实现了筹集资金、引进先进技术和管理的目标，也有效地降低了建设和运营成本，减小了政府运营期的补贴压力，实现了公共利益的最大化。

E. 项目示范意义

一是提供了全国示范样板。该项目是自 2014 年国家层面力推 PPP 模式，出台了一系列新的相关制度法规以来，北京市和全国范围内首条高速公路 PPP 项目。项目的成功实践，为今后北京市乃至全国高速公路 PPP 项目的推广提供了可借鉴的成功经验，对推进高速公路市场化进程，解决高速公路集中建设的资金需求，进一步提升运营管理水平、降低投资运营成本都具有重大的现实意义。

二是通过 PPP 模式，有效地降低了传统建设模式下的投资及运营成本，通过公开招标方式引入市场竞争，约定通行费标准由 1.67 元/（标准车 · km）的最高控制价降低到 0.88 元/（标准车 · km）的中标价，极大地降低了政府的财政压力，充分体现出 PPP 模式提高公共产品及服务效率的优势。

3. 北京市大兴区新凤河流域综合治理项目

（1）项目概况

新凤河作为大兴水系格局“四带”中重要的一条“滨水景观带”，是大兴水系连通的关键纽带。北京市大兴区新凤河流域综合治理项目于 2019 年 3 月开工，2020 年汛前主体工程完工。

项目位于大兴区界新凤河流域范围内，涉及黄村镇、西红门镇、旧宫镇、瀛海镇共 4 个建制镇，流域内共包括干支流 23 条河道。

建设内容包括污水治理工程、截污工程、黑臭水体治理工程、河道治理及绿化工程、智慧水务工程、水系连通工程、景观提升工程、健康绿道工程、海绵城市及生态缓冲系统工程以及景观带升级工程。

项目的实施将提升新凤河流域的防洪排水能力，同时将显著改善新凤河流域生态环境，具有极大的环境、经济及社会效益。

（2）运作模式

A. 运作模式

采用 BOT 模式投资建设，北京市大兴区政府授权区水务局作为实施机构，区水务局通过竞争性磋商的方式选择社会投资人。

北京市大兴区物资集团有限公司（以下简称物资集团）作为政府出资代表，与社会投资人北控水务（中国）投资有限公司共同成立项目公司，其中物资集团资本金出资占股 1%，社会投资人出资占股 99%，物资集团不参与分红。

区水务局通过 PPP 合同授予项目公司特许经营权，由其负责本项目的设计、融资、投资、建设、运营和维护，期限届满移交政府。

B. 融资模式

项目总投资约 41.48 亿元，其中政府方出资 3.60 亿元，社会投资人出资 37.68 亿元。

政府出资分为项目建设补贴投资（3.52 亿元）及股权投资（0.08 亿元），

社会投资人出资分为自有资金出资（7.51 亿元）和融资出资（30.17 亿元）。

C. 回报机制

本项目的主要回报机制为政府付费。社会投资人通过项目公司在运营期收取的政府付费收回投资并获得合理收益。

政府付费由可用性付费和绩效付费两部分组成。政府付费部分纳入大兴区政府跨年度财政预算。

可用性付费，指项目实施机构向项目公司购买 PPP 项目设施可用性而支付的费用。年度可用性付费 = 年度可用性付费测算值×80% + 年度可用性付费测算值×20%×运营期年度绩效考核系数。

绩效付费，指项目实施机构向项目公司购买为维持 PPP 项目可用性所需的运营维护服务，按照绩效付费基数和项目实际运营维护绩效考核结果进行支付。

（3）借鉴价值

A. 加快项目落地

通过采用 PPP 模式引入社会资金，将当期建设支出转化为特许经营期内的分期付费，同时充分发挥社会投资人的专业技术力量，有效缓解项目时间紧、任务重、投资压力大等问题，加快水利基础设施建设。

B. 提高水利设施服务效率

本项目在风险最优分配的激励约束机制下，可使社会投资人有足够动力统筹考虑项目设计方案、建设质量和后续运营维护成本，在降低项目全生命周期成本前提下，切实保障服务质量。

C. 有利于转变政府职能

通过 PPP 模式将政府从公共产品的直接提供者转变为社会资本的合作者和 PPP 项目的监管者，通过建立和实施基于绩效考核的付费机制，加强与社会资本的合作和监管，切实保障公共产品的供给和质量。

4. 鸟巢 PPP 项目

（1）项目概况

A. 项目概况

国家体育场（鸟巢）位于奥林匹克公园中心区南部，工程总占地面积 $21hm^2$，建筑面积 25.8 万 m^2，场内观众座席约 91 000 个，其中临时座席 11 000 个，项目 2003 年 12 月 24 日开工建设，2008 年 6 月 28 正式竣工。国家体育场有限责任公司负责国家体育场的融资和建设工作，北京中信联合体体育场运营有限公司负责 30 年特许经营期内的国家体育场赛后运营维护工作。

B. 项目目标

在国家层面上，国家体育场作为标志性的具有里程碑意义的建筑，有利于加快北京现代化进程，同时本项目的建成有望充分地扩大奥林匹克运动的积极影响，使首都北京的经济发展、城市建设、社会进步和人民生活质量再上新台阶。

在此过程中，将培训和雇佣高素质的员工，运用先进的管理理念和从其他国家学习到的专业技术。政府应努力营造公平、公开、高效、诚信的社会氛围。在奥运会的准备和进行阶段，希望能够通过现实而有效的努力，在制度和管理方面树立创新典范，从而树立北京新风貌，中国新形象。

在项目层面上，除了满足举办奥运会的各项条件外，该项目的主要目标就是获取最大的利润。因此，项目的设计、投资、建造、运营、维护、移交等项目全生命期阶段的工作都应围绕这个目标而展开。国家体育场应满足举办奥运会的所有技术要求和标准，并要不断地随着现代技术的发展而发展，要合理安排所有赛事，为所有参赛运动员提供优质的服务。奥运会期间，国家体育场可容纳观众 100 000 人，其中临时座位 20 000 个（赛后可拆除），承担开幕式、闭幕式、田径比赛和足球赛决赛等。奥运会后，国家体育场可容纳观众 80 000 人，可承担特殊重大比赛（如世界田径锦标赛、世界杯足球赛等）、各类常规赛事（如亚运会、洲际综合性比赛、全国运动会等）以及非竞赛项目（如文艺演出、团体活动、商业展示会等）。

由于 PPP 项目的特殊性，项目公司将独自享有项目的一切商业利益，但同时必须承担项目的一切损失。众所周知，PPP 项目与其设计、融资、建造和运营密切相关，因此，国家体育场的设计建造必须恰当考虑对后续运营潜在的影响。鉴于此，在国家体育场的建设阶段，项目公司就积极与赛后对国家体育场的运营可能有兴趣的潜在公司进行必要的磋商和谈判。

C. 项目特点

一是世界同类体育场中规模最大、结构最复杂、技术难度最大、工期和质量要求最严格的体育场，2005 年被英国《建筑新闻》评为“世界十大令人惊讶的建筑”之一。

二是公众项目，具有公益性，预期盈利低，运营难度大。

三是需要整合国内外多方资源，包括投资、设计、施工、采购、运营管理、风险控制、保险、移交等多个方面。

四是意义重大，国家体育场是北京市的标志性建筑，也是北京市最大的具有国际先进水平的多功能体育场。国家体育场将向世人展示的是中华民族的光荣和骄傲。国家体育场工程不单单是我们国家的事情，更是一项世界工程。

（2）运作模式

A. 项目的合同结构

鸟巢项目的合同结构有三个关键的节点，即特许权协议、国际体育场协议及联营体协议。

2003 年 8 月 9 日，北京 2008 年奥运会主体育场——国家体育场举行项目签约仪式。中标人中国中信集团有限公司等联营体分别与北京市政府、第 29 届奥林匹克运动会组织委员会（以下简称北京奥组委）、北京市国有资产经营有限责任公司签署了特许权协议、国家体育场协议和合作经营合同三个合同协议。之后，联营体与代表北京市政府的北京市国有资产经营有限责任公司共同组建了项目公司——国家体育场有限责任公司，该公司也如愿注册为中外合营企业，以享受相关税收优惠。项目合同结构如图 2-11 所示。

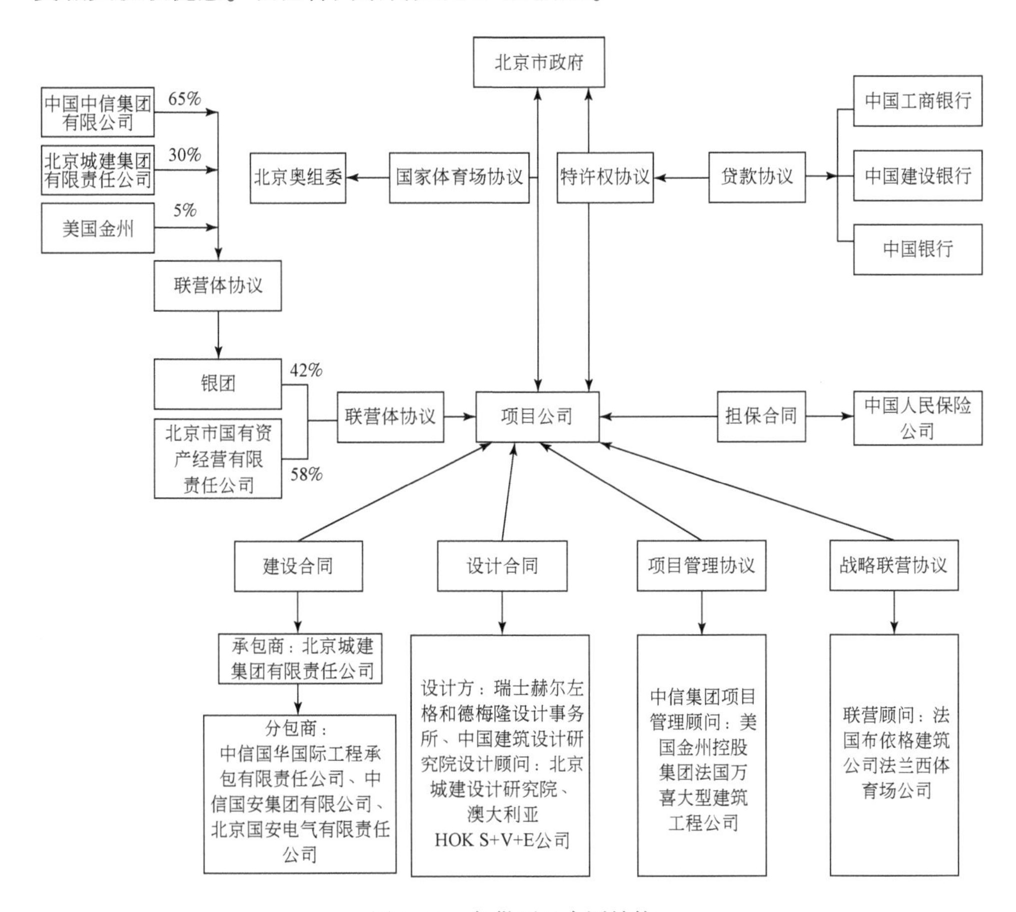

图 2-11　鸟巢项目合同结构

B. 项目的融资结构

鸟巢的融资模式相对简单，分别由北京市国有资产经营有限责任公司和联营体直接安排项目融资，投资者按比例出资用于项目的建设，项目投资者直接承担对应比例的责任与义务。资金不足部分由北京市国有资产经营有限责任公司和联营体分别筹措，根据工程进度分批注入。

国家体育场运营后的收入所得，根据与贷款银行之间的现金流量管理协议进入贷款银行监控账户，并使用优先顺序的原则进行分配，即先支付工程照常运行所发生的资本开支、管理费用，然后按计划偿还债务，盈余资金按投资比例进行分配。融资模式如图 2-12 所示。

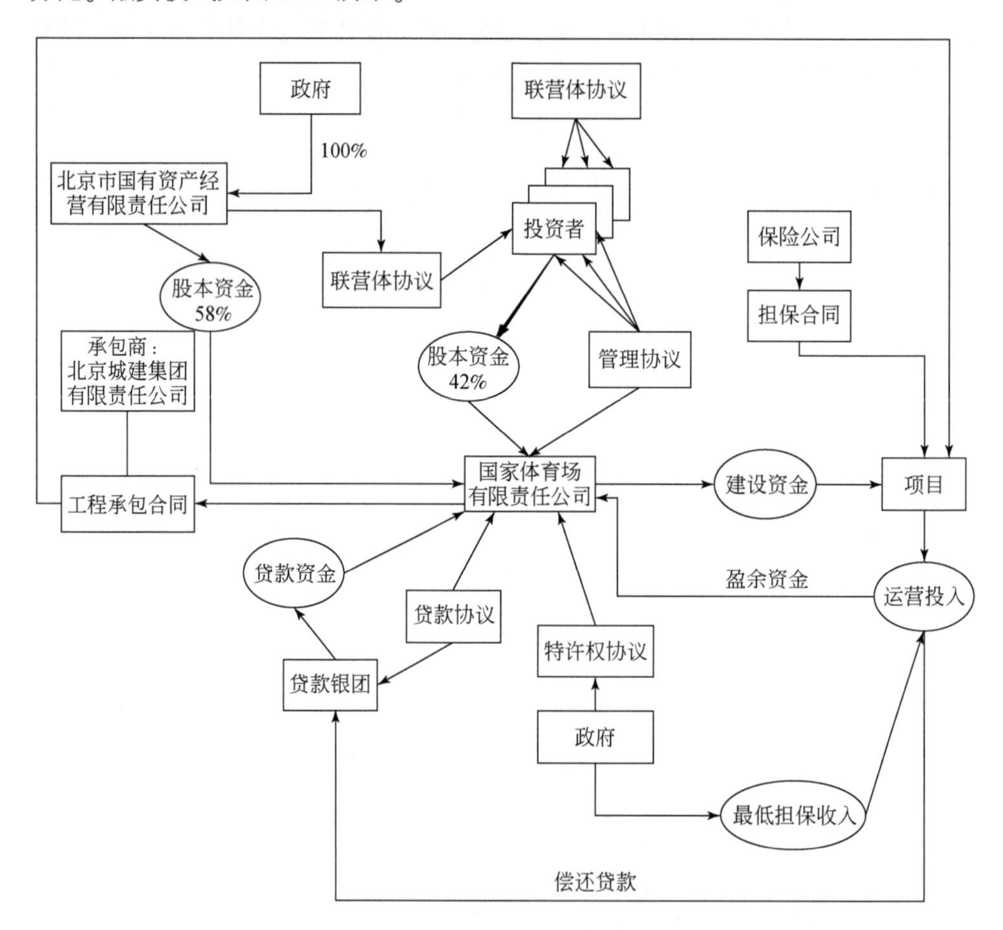

图 2-12　鸟巢项目融资模式

该融资结构中有四个重要的组成部分：①政府的特许权协议。根据特许权协议的相关文件要求，北京市政府作为国家体育场项目的真正发起者和特许权合约结束后的项目拥有者，为了以 PPP 方式实施国家体育场项目的建设，提供了许多鼓励和激励措施，如北京市政府为项目公司提供低价项目土地（土地一级开发费为每平方米 1040 元)。这与相邻地段高达每平方米 10 000 元的土地相比非常便宜;北京市政府提供 18.154 亿元的补贴(不要求回报),占总投资(31.3 亿元)的 58%;北京市政府提供与施工场地相连的必要的配套基础设施(水、电、路等),以及其他可以为方便体育场建设和运营的帮助,如为了方便体育场的大型钢结构组件运输,北京市政府向项目公司签发了车辆特殊通行证;在奥运会和测试赛期间,北京奥组委将会向项目公司支付体育场使用费用,北京市政府也会承担专门用于奥运会开闭幕式但赛后不再使用的特殊装置的所有费用;在特许经营期内,北京市政府承诺限制在北京市区北部新建体育场或扩建已有体育场馆,以保护国家体育场的市场。如果确需建设新的体育场,则北京市政府将与项目公司协商,并按照特许权协议对项目公司进行补偿。②联营体协议。本项目联合体由联营体和北京市国有资产经营有限责任公司合资成立,注册资本金 10.433 33 亿元。其中,由代表政府的北京市国有资产经营有限责任公司出资 6.051 33 亿元,占比 58%,中国中信集团有限责任公司牵头的联营体出资 4.3820 亿元,占比 42%,由中国中信集团有限责任公司作为项目公司的法人代表。③贷款协议。项目公司认为对国家体育场表达了浓厚兴趣的国内商业银行都具有很强的人民币和外币贷款能力,因此,项目公司很有信心能从国内商业银行贷款获得贷款。投标前,项目公司得到了国内三家商业银行,即中国工商银行、中国建设银行和中信银行的贷款承诺函,银行贷款主要作为项目的非资本金投入。贷款主要是 16 年期限(包括 6 年宽限期)的优先债务,年利率 5.184%(按基准利率下浮 10%计),按季度付息。同时银团为项目公司提供了 12 亿元的授信额度。④兜底条款。各部门协调帮助联合体取得保底收入。

(3)发生的变化

北京奥运会结束后不到一年的 2009 年 8 月 29 日,北京市政府与联营体签署《关于进一步加强国家体育场运营维护管理协议》,对项目公司进行了股份制公司改造:北京市政府(授权的投资机构)持有的 58% 股份改为公司股权,主导鸟巢的经营管理工作并承担相应责任。联营体成员持有其余 42% 的股权,放弃 30 年特许经营权,改为获得永久股东身份。国家体育场有限责任公司董事长、总经理等公司高层由北京市国有资产经营有限责任公司派任。这标志着鸟巢变成了一个典型意义的规范运作的中外合资经营公司。

5. 北京第十水厂 PPP 项目

(1)项目概况

北京第十水厂是北京市政府为了提高城镇供水能力,缓解北京市供水紧张的压力,改善城镇居民的生活,提高居民的生活质量而建造的。该水厂是 1998 年确定建设的项目，当时正值亚洲金融危机的爆发，广信事件刚刚发生。它是北京市首个采用国际招标的市政项目，同时也是成都第六水厂之后，第二个通过国家计划委员会审批的PPP项目。北京第十水厂位于北京市朝阳区定福庄，占地约170亩，其中永久性占地113亩，临时占地约57亩。总投资23亿元，计划供水能力为50万m^3/d，主要为北京市朝阳大部分地区、通州新城、北京亦庄经济技术开发区等东部地区供水。该水厂计划以密云水库为水源，但由于后来密云水库蓄水量逐渐下降，北京市水务局便对原来方案的水源进行了重新的规划，后经北京市规划委员会审批通过，重新确定北京第十水厂以丹江口水库和密云水库双水源供水，实现外地水源和本地水源联合调度运行，在南水北调工程引进京后，优先选用南水北调的长江水为水源。该水厂采用臭氧预氧化、预氯化、粉末碳吸附等先进工艺方法对水源的水质进行处理，该工艺净化能力强，对河流、湖泊、水库等地表水都可以进行有效的处理。

（2）运作模式

20世纪90年代，我国经济正在飞快地发展，工业企业发展速度也在不断加快，据有关部门的估计，北京市每年将会增加10万t的用水量。为了缓解供水的压力，提高居民的生活质量，北京市“九五”计划中推出了北京第十水厂项目，成都第六水厂的成功建设给北京市政府带来了一个很好的指引，政府采取与私人部门合作的模式进行基础设施建设。最初，北京市政府与国内的公司进行探讨商议，但由于国内公司提出的水价过高，北京市政府无法接受，最终意见没有达成一致。在20世纪末，北京市政府决定开展相关试点工作，探索外资能够发挥的作用，在北京第十水厂项目上，决定该项目只允许外资企业参加投标。

1998年，北京第十水厂正式立项，确定运用BOT模式。北京市政府首先将《可行性研究报告》上交给国家计划委员会审阅，国家计划委员会投资司审阅过后，认为北京市政府上交的材料不够完整，要求其补充相关材料。北京市政府按照国家计划委员会的相关要求补充完整材料，上交了《国家计委办公厅关于北京市第十水厂一期工程建设问题的复函》（计办投资〔1998〕868号），国家计划委员会同意北京第十水厂项目通过招标的方式选择境外投资人，为项目招标工作提供了有力的法律保障。

1999年，北京第十水厂开始组织各个专业的专家对方案设计咨询、招标设计等工作。针对该项目，北京市政府专门成立了招标委员会，在市政管理委员会（以下简称市政管委）下设立了招标办公室，负责日常招标工作。聘请业内专家型领导任北京市政管委领导、时任北京市给排水集团董事长的林雪梅女士担任主任一职，聘请大岳咨询有限责任公司开展相关业务的评估咨询。经过法律类、财务类、工程类的专家商议讨论初步得出：北京第十水厂将采用国际公开招标的方式，合理选择国外投标人，中标人须在北京成立外商独资企业，负责北京第十水厂的建设运营工作。该项目计划建设期为 3 年，私人部门将运营 20 年，年限到期后，北京第十水厂将无偿移交给北京市政府运营管理。1999 年 7 月，招标委员会在《人民日报》《中国日报》上发布了资格预审通知。同年 11 月，招标委员会完成招标文件的编写，并进行发售。

2000 年，北京市政府公布了招标信息后，共有 34 家跨国公司或银行购买了招标文件，7 家联合体公司（共 19 家公司）向招标委员会提交了资格审核文件，招标委员会选取其中实力较为雄厚的 5 家联合体公司（共 12 家公司）进入最终审核程序，这 5 家联合体公司包括日本三菱与英国安格利安的联合体公司、法国苏伊士与中国香港新世界的联合体公司、英国泰晤士与日本三井的联合体公司、法国威立雅环境集团，以及意大利的一家水务公司，项目招标的竞争较为激烈。北京第十水厂招标过程都是按照国际惯例进行的，在此过程中保证项目招标规范、有序、公平地进行，为项目下一个环节打下坚实的基础。该项目通过规范的招标流程和方式，使得投标的公司处于激烈的竞争状态，在各自不同程度上降低条件和要价，从而使得社会效益得到最大化。

通过资格初审的投标人需要招标委员会提交投标函、资格审查证明、详细的技术说明、建议书等材料，公司在准备材料期间，招标委员会也召开了标前会议，回答了投标者一些困惑，使得私人部门与公共部门之间消除隔阂，得到更好地沟通。由于项目条款的落实推迟，材料上交的时间也相应延后两周。期限到后，5 家联合体公司全部提交了投标书，没有任何一家联合体公司选择退出。北京第十水厂招标书中明确提出评标的标准以水价为主，水价越低，评估的分数越高，中标的可能性就越大。融资方案、法律结构、技术设计等为其次考虑的因素，并且只给定最低要求，评估分数并不能拉开差距，主要看水价的高低。日本三菱与英国安格利安的联合体公司出价为每吨 1. 39 元，法国苏伊士与中国香港新世界的联合体公司出价为每吨 1. 15 元，法国威立雅环境集团出价为每吨 1. 5 元，都大大低于北京市政府预算估计每吨 6. 9 元的价格，这三个联合体公司评估得分为最高，同时看出此次招标可以发挥竞争的优势。

对于政府来说，苏伊士法国与中国香港新世界的联合体公司所出的低价无可厚非是最具吸引力的，每吨水价比日本三菱与英国安格利安的联合体公司低 0. 24 元，对于一个日供水量为 50 万 t 的水厂来说，一年两者的价格就相差 4320 万元，但是北京市政府又担心选择法国苏伊士与中国香港新世界的联合体公司后，会因为标书的不规范受到日本三菱与英国安格利安的联合体公司的国际诉讼。在这种情况下，论证标书是否具有有效性花了近一年的时间，最后北京市政府听取了大岳咨询有限责任公司和康达律师事务所的意见，讨论认为法国苏伊士与中国香港新世界的联合体公司的标书是无效的，选择了日本三菱与英国安格利安的联合体公司为第一候选人，中标价格为每吨1.39元。

北京第十水厂的招标委员会与日本三菱与英国安格利安的联合体公司为了加强双方的沟通，以及细节的了解，共进行了三场谈判。第一场谈判主要是先初步了解双方对北京第十水厂建设运用的观点，大致了解对方的想法。第二场谈判主要就水价问题展开讨论，对其定价程序等方面进行了讨论。第三场谈判主要是解决不可抗拒风险的分担的问题，进行合理的风险分配。经过协商与沟通，北京市政府与日本三菱与英国安格利安的联合体公司在2002年4月草签了项目特许经营协议，PPP模式初具雏形。

（3）发生的变化

日本三菱与英国安格利安的联合体公司在招标时与北京市政府签订合约，将会融资约8亿元，但直到其退出项目都没有完成融资。

北京第十水厂由于水源供水不足等原因迟迟无法动工，开工期无法预测。同时，欧盟在2004年加快东扩的速度，保加利亚、罗马尼亚、匈牙利、斯洛伐克等加入欧盟，英国安格利安公司在进行利益的权衡下，决定退守欧洲，抢占欧盟市场。于是，日本三菱与英国安格利安的联合体公司在2004年7月正式提出要终止合作，并向北京市政府索要2000万美元的赔偿金，用于补偿联合体公司在该项目上所花费的时间成本及机会成本。最后经过各方的协调，日本三菱与英国安格利安的联合体公司决定将赔偿金降为600万美元。

2005年5月，经过权衡与协调，北京市政府同意日本三菱与英国安格利安的联合体公司终止合作关系，并将其在该项目中的股权转让给北京控股集团有限公司和美国咨询公司——金州控股集团组成的联合体（即北京控股-金州控股联合体公司）。2006年9月，在英国剑桥郡安格利安总部完成了项目转让协议的签署工作，经过各方的努力，同年11月双方完成了项目备忘录的签署，12月北京控股-金州控股联合体公司与日本三菱与英国安格利安的联合体公司在香港完成了股权转交签署工作，由北京控股-金州控股联合体公司支付给日本三菱与英国安格利安的联合体公司600万美元的股权转让款，并开具800万美元的反担保函，保证日本三菱与英国安格利安的联合体公司收回北京市政府的投标保函。至此，北京控股-金州控股联合体公司正式接手北京第十水厂项目，并在国际市场上募集了1.5亿元的私募基金。2007年12月，北京市自来水集团有限责任公司主动申请加入北京第十水厂项目，北京控股集团有限公司、金州控股集团及北京市自来水集团有限责任公司三家公司在项目中所持有的股权分别为33.875%、33.125%、33%，股权几乎是均分的。

北京第十水厂项目从投资人进行重组之后就一直处于搁置的状态，直到2009

年 12 月 31 日，北京市政府对第十水厂进行了核准批复，使得北京第十水厂的建设工作又被提上日程。经过新的估算，北京第十水厂需要的总投资为 23 亿元，其中北京市政府承担一小部分，剩下的 35% 是联合体公司的股本资金，65% 的资金将靠融资取得，经过几年的融资努力，到 2012 年融资完成。2018 年，再次完成增资和贷款，项目资金缺口基本补齐。2019 年底，正式调试完成，交付运营。

2.2.4 国内 PPP 实践案例经验总结

国家政策鼓励和倡导优质社会资本参与工程建设，充分发挥各方优势，实现工程建设提质增效。针对水环境治理工程公益性属性较强的特点，水环境治理工程引入社会资本参与建设，主要有以下 5 个方面的思考。

1. 社会资本参与工程建设的方式

对于规模较大、投资回收期长，或受益群体明确的公益性突出的工程，采用政府与社会资本共同出资的方式，具体可分为 3 种：①通过政府和社会资本共同出资成立项目公司作为项目法人的方式，由项目公司负责工程建设和运营，其中政府资金发挥引导性和基础性作用，让渡部分收益或不参与项目公司收益分配；②社会资本仅出资参与工程中经营性较强的一部分，其他部分由政府出资；③由政府负责骨干工程建设及运营，受益群体共同出资组成股份公司作为项目公司负责配套工程建设运行。

2. 确保社会资本预期收益的措施

考虑到工程较强的公益性属性，其经营性会相对较弱，为了确保此类 PPP 项目社会资本方预期收益水平，以吸引社会资本参与建设，可通过：①组合开发。以区划、流域为规划单元，通过非经营性工程与经营性工程组合开发，统一规划实施。②拆分外包。将水环境治理工程项目的全生命周期，详细划分设计、建造、运营、维护至终止移交各个环节，剥离出有经济效益的环节以吸引社会资本，其他环节仍由政府承担。③政府认购。政府从建设工程项目变为购买能够直接运营的工程项目，有助于缓解近期财政偿债压力并为社会资本提供投资机会，同时为私人部门退出 PPP 项目提供渠道。

3. 已成功实施 PPP 试点的共性特征

一是政府根据项目经营性强弱特点提供了相应的保障性措施，有效保证了社会资本方一定的投资回报率，提高了公益性突出的水环境治理工程项目吸引社会资本的能力；二是工程总投资规模都在60亿元以内，投资规模并不大，有利于工程项目建设和建成后运行等不同时期的高效管理，提高工程建设和经营的效率；三是利益划分清晰，融资结构合理，通过充分发挥政府的协调优势，较好地协调了各利益相关方，根据工程项目本身经营性以及地方政府的配套保障措施，确定了投融资规模，保证了较为合理的融资结构。

4. 教训及存在的突出问题

由于盈利能力弱，引入社会资本出现了社会资本投资回报率难以保证的问题，以及工程审批延误、建设进度慢、影响工期等问题；未在试点期内开工建设；造成融资成本升高；项目建成后验收过程中质量管理难度大的问题。此外，引入社会资本参与水环境治理工程建设还存在政策保障体制机制不健全、操作经验不足的问题，导致工程推进难度增大，这在已经放弃使用PPP的项目中均有体现。因此，水环境治理工程项目应避免盲目使用PPP模式，采取积极稳妥的方式引入社会资本，并在引入后切实完善相关法律法规、加强项目建设监督管理、设置风险分担及灵活变更机制等保障措施，以确保工程项目顺利建设和建成后公益性功能较好发挥。

5. PPP失败的主要风险

（1）法律变更风险

法律变更风险主要是指由于采纳、颁布、修订、重新诠释法律或规定而导致项目的合法性、市场需求、产品/服务收费、合同协议的有效性等元素发生变化，从而对项目的正常建设和运营带来损害，甚至直接导致项目的中止和失败的风险。PPP项目涉及的法律法规比较多，加之我国PPP项目还处在起步阶段，相应的法律法规不够健全，很容易出现法律变更的风险。例如，江苏某污水处理厂采用BOT融资模式，原先计划于2002年开工，但由于2002年9月《国务院办公厅关于妥善处理现有保证外方投资固定回报项目有关问题的通知》（国办发〔2002〕43号）的颁布，项目公司被迫与政府重新就投资回报率进行谈判。上海大场自来水处理厂和延安东路隧道也遇到了同样的问题，均被政府回购。

（2）审批延误风险

审批延误风险主要指由于项目的审批程序过于复杂，导致花费时间过长和成本过高，且批准之后对项目的性质和规模进行必要商业调整非常困难，给项目的正常运作带来了威胁。例如，某些行业里一直存在成本价格倒挂现象，当市场化之后，引入外资或民营资本后，都需要通过提价来实现预期收益。而根据我国《中华人民共和国价格法》和《政府价格决策听证办法》规定，公用事业价格等政府指导价、政府定价，应当建立听证会制度，征求消费者、经营者和有关方面的意见，论证其必要性、可行性，这一复杂的过程很容易造成审批延误的问题。以城市水业为例，水价低于成本的状况表明水价上涨势在必行，但是各地的水价改革均遭到不同程度的公众阻力和出现审批延误问题。例如，2003 年的上海水价上涨方案在听证会上未获通过，上海市人大代表也提出反对水价上涨的议案，造成上海水价改革措施迟迟无法落实实施。因此出现了外国水务公司从中国市场撤出的现象，比较引人注目的是，泰晤士水务公司出售了上海大场自来水处理厂的股份，安格利（Anglian）水务公司从北京第十水厂项目中撤出。

（3）政策决策失误冗长风险

政策决策失误冗长风险是指政府的决策程序不规范、官僚作风、缺乏 PPP 的运作经验和能力、前期准备不足和信息不对称等造成项目决策失误与过程冗长。例如，青岛威立雅污水处理项目由于当地政府对 PPP 的理解和认识有限，政府对项目态度的频繁转变导致项目合同谈判时间很长。而且污水处理价格是在政府对市场价格和相关结构不了解的情况下签订，价格较高，后来政府了解以后又重新要求谈判降低价格。此项目中项目公司利用政府知识缺陷和错误决策签订不平等协议，从而引起后续谈判拖延，面临政府决策冗长的困境。类似地，在上海大场自来水处理厂、北京第十水厂和廉江中法供水厂项目中也存在同样问题。

（4）政治反对风险

政治反对风险主要是指各种原因导致公众利益得不到保护或受损，从而引起政治甚至公众反对项目建设所造成的风险。例如，上海大场自来水处理厂和北京第十水厂的水价问题，由于关系到公众利益，而遭到来自公众的阻力，政府为了维护社会安定和公众利益也反对涨价。

（5）政府信用风险

政府信用风险是指政府不履行或拒绝履行合同约定的责任和义务而给项目带来直接或间接的危害。例如，在长春市汇津污水处理厂PPP 项目中，汇津有限公司与长春市排水公司于 2000 年 3 月签署《合作企业合同》，设立长春汇津污水处理有限公司，同年长春市政府制定《长春汇津污水处理专营管理办法》。2000 年底，项目投产后合作运行正常。然而，从 2002 年年中开始，长春市排水公司开始拖欠合作公司污水处理费，长春市政府于 2003 年 2 月 28 日废止了《长春汇津污水处理专营管理办法》，2003 年 3 月起，长春市排水公司开始停止向合作企业支付任何污水处理费。经过近两年的法律纠纷，2005 年 8 月最终以长春市政府回购而结束。再如，在廉江中法供水厂项目中，双方签订《合作经营廉江中法供水有限公司合同》，履行合同期为 30 年。合同有几个关键的不合理问题：①水量问题。合同约定廉江自来水公司在水厂投产的第一年每日购水量不得少于 6 万 m^3，且不断递增。而当年廉江市的消耗量约为 2 万 m^3，巨大的量差使得合同履行失去了现实的可能性。②水价问题。合同规定起始水价为 1.25 元/m^3，水价随物价指数、银行汇率的提高而递增。而廉江市水均价为 1.20 元/m^3，此价格自 1999 年 5 月 1 日起执行至今未变。脱离实际的合同使得廉江市政府和自来水公司不可能履行合同义务，该水厂被迫闲置，谈判结果至今未有定论。除此之外，遇到政府信用风险的还有江苏某污水处理厂、长春汇津污水处理和湖南某电厂等项目。

（6）不可抗力风险

不可抗力风险是指合同一方无法控制，在签订合同前无法合理防范，情况发生时，又无法回避或克服的事件或情况，如自然灾害或事故、战争、禁运等。例如，湖南某电厂于 20 世纪 90 年代中期由国家计划委员会批准立项，西方某跨国能源投资公司为中标人，项目所在地省政府与该公司签订了特许权协议，项目前期进展良好。但此时某些西方大国（包括中标公司所在国）轰炸我国驻南斯拉夫大使馆，对我国主权形成了实质上的严重侵犯。国际政治形势的突变，使得投标人在国内外的融资都变得不可能。项目公司因此没能在延长的融资期限内完成融资任务，省政府按照特许权协议规定收回了项目并没收了中标人的投标保函，之后也没有再重新招标，导致外商在该项目的彻底失败。在江苏某污水处理厂项目关于投资回报率的重新谈判中，也因遇到“非典”中断了项目公司和政府的谈判。

（7）融资风险

融资风险是指由于融资结构不合理、金融市场不健全、融资的可及性低等因素引起的风险，其中最主要的表现形式是资金筹措困难。PPP 项目的一个特点就是在招标阶段选定中标者之后，政府与中标者先草签特许权协议，中标者要凭草签的特许权协议在规定的融资期限内完成融资，特许权协议才可以正式生效。如果在给定的融资期内未能完成融资，将会被取消资格并没收投标保证金。在湖南某电厂的项目中，发展商就因没能完成融资而被没收了投标保函。

（8）市场收益不足风险

市场收益不足风险是指项目运营后的收益不能回收或达到预期水平的风险。例如，天津双港垃圾焚烧发电厂项目中，天津市政府提供了许多激励措施，如果由于部分规定导致项目收益不足，天津市政府承诺提供补贴。但是政府所承诺的补贴数量没有明确定义，项目公司就承担了市场收益不足的风险。另外，京通高速公路建成之初，由于相邻的辅路不收费，较长一段时间京通高速公路车流量不足，也出现了项目收益不足的风险。在杭州湾跨海大桥和福建泉州刺桐大桥的项目中也有类似问题。

（9）项目唯一性风险

项目唯一性风险是指政府或其他投资人新建或改建其他项目，导致对该项目形成实质性的商业竞争而产生的风险。项目唯一性风险出现后往往会带来市场需求变化风险、市场收益风险、信用风险等一系列的后续风险，对项目的影响是非常大的。例如，杭州湾跨海大桥项目开工未满两年，在相隔仅 50km 左右的绍兴市上虞沽渚的绍兴杭州湾大桥已在加紧准备当中，其中一个原因可能是当地政府对桥的高资金回报率不满，致使项目面临唯一性风险和收益不足风险。鑫远闽江四桥也有类似的遭遇，福州市政府曾承诺，保证在 9 年之内从南面进出福州市的车辆全部通过闽江四桥收费站，如果因特殊情况不能保证收费，政府出资偿还外商的投资，同时保证每年 18% 的补偿。但是 2004 年 5 月 16 日，福州市二环路三期正式通车，大批车辆绕过闽江四桥收费站，收费站收入急剧下降，投资收回无望，而政府又不予兑现回购经营权的承诺，只得走上仲裁庭。该项目中，投资者遭遇了项目唯一性风险及其后续的市场收益不足风险和政府信用风险。福建泉州刺桐大桥项目和京通高速公路的情况也与此类似，都出现了项目唯一性风险，并导致市场收益不足。

（10）配套设备服务提供风险

配套设备服务提供风险是指项目相关的基础设施不到位引发的风险。在这方面，汤逊湖污水处理厂项目是一个典型案例。2001 年武汉凯迪电力股份有限公司以 BOT 方式承建汤逊湖污水处理厂项目，建设期两年，经营期 20 年，经营期满后无偿移交给武汉高科国有控股集团有限公司（代表市国有资产监督管理委员会持有国有资产的产权）。但一期工程建成后，配套管网建设、排污费收取等问题迟迟未能解决，导致工厂一直闲置，最终该厂整体移交武汉市水务集团有限公司。

（11）市场需求变化风险

市场需求变化风险是指排除唯一性风险以外，宏观经济、社会环境、人口变化、法律法规调整等其他因素使市场需求变化，导致市场预测与实际需求之间出现差异而产生的风险。例如，山东中华发电项目，项目公司于 1997 年成立，计划于 2004 年最终建成。建成后运营较为成功，然而山东电力市场的变化，国内电力体制改革对运营购电协议产生了重大影响。第一是电价问题，1998 年根据国家计划委员会曾签署的谅解备忘录，中华发电在已建成的石横一期、二期电厂获准了 0.41 元/(kW·h) 这一较高的上网电价；而在 2002 年 10 月，菏泽电厂新机组投入运营时，山东省物价局批复的价格是

0.32 元/(kW·h)。这一电价不能满足项目的正常运营。第二是合同中规定的“最低购电量”也受到威胁，2003 年开始，山东省计划委员会将以往中华发电与山东电力集团间的最低购电量 5500h 减为 5100h。由于合同约束，国网山东电力有限公司仍须以“计划内电价”购买 5500h 的电量，价差由国网山东电力有限公司掏钱填补，这无疑打击了国网山东电力有限公司购电的积极性。在杭州湾跨海大桥、闽江四桥、福建泉州刺桐大桥和京通高速等项目中也存在这一风险。

（12）收费变更风险

收费变更风险是指 PPP 产品或服务收费价格过高、过低或者收费调整不弹性、不自由导致项目公司的运营收入不如预期而产生的风险。例如，由于电力体制改革和市场需求变化，山东中华发电项目的电价收费从项目之初的 0.41 元/(kW·h) 变更到了 0.32 元/(kW·h)，项目公司的收益受到严重威胁。

（13）腐败风险

腐败风险主要指政府官员或代表采用不合法的影响力要求或索取不合法的财物，而直接导致项目公司在关系维持方面的成本增加，同时也加大了政府在将来的违约风险。例如，由香港汇津公司投资兴建的沈阳第九水厂 BOT 项目，约定的投资回报率为第 2～第 4 年，18.50%；第 5～第 14 年，21%；第 15～第 20 年，11%。如此高的回报率使得沈阳市自来水总公司支付给第九水厂的水价是 2.50 元/t，而沈阳市 1996 年的平均供水价格是 1.40 元/t。到 2000 年，沈阳市自来水总公司亏损高达 2 亿多元。这个亏损额本来应由政府财政填平，但沈阳市已经多年不向沈阳市自来水总公司给予财政补贴了。沈阳市自来水总公司要求更改合同。经过数轮艰苦的谈判，2000 年底，双方将合同变动如下：由沈阳市自来水总公司买回香港汇津公司在第九水厂所占股权的 50%，投资回报率也降至 14%。这样变动后沈阳市自来水总公司将来可以少付 2 亿多元。

第3章　水环境项目PPP实施机制分析

3.1 水环境项目PPP模式实施环节

同其他的PPP项目一样，水环境PPP项目从开始到完成，通常要经历项目识别、项目准备、项目采购、项目执行和项目移交5个环节（图3-1）。

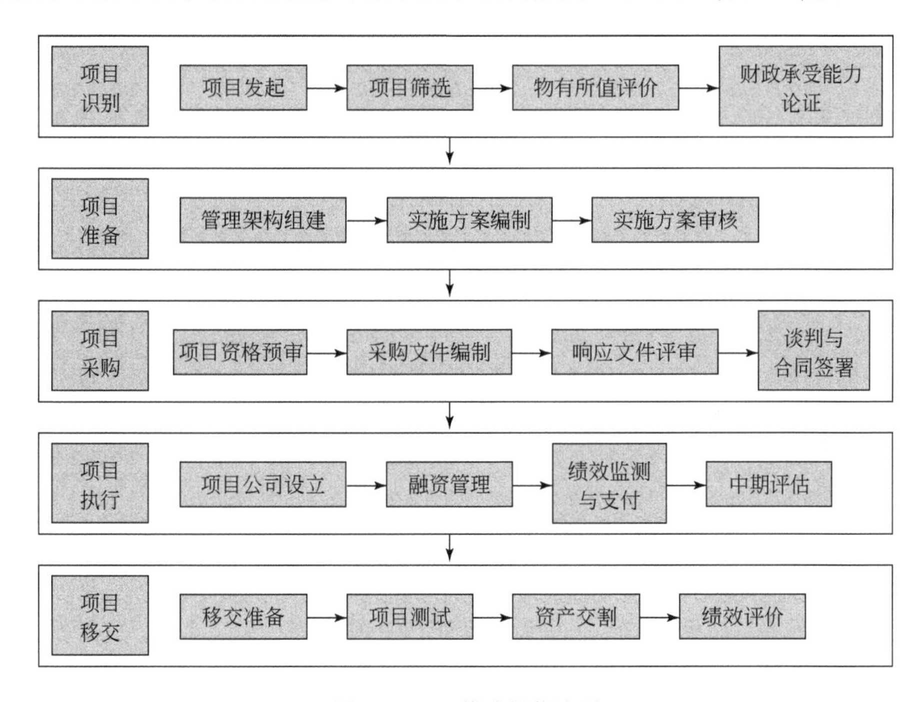

图3-1　PPP模式操作流程

对于项目周期长、投资规模大、市场化程度较高的基础设施及公共服务类项目，适宜采用政府和社会资本合作的模式，此类合作项目通常是由政府或社会资本发起，一般情况下，水环境PPP项目是以政府发起为主。项目识别包括项目发起、项目筛选、项目是否采用PPP模式的评估论证等，项目的评估论证包括对项目的物有所值评价和财政承受能力论证。

项目准备是指经过项目识别、发起完成后到项目完成采购过程中的阶段，包括项目管理构架组建、实施方案编制、实施方案审核等。

项目采购是指项目实施机构根据项目采购需求特点，依照相关法律选择适当的采购方式，包括项目资格预审、采购文件编制、响应文件评审、谈判与合同签署等。

项目执行是指项目依法运行的过程，包括项目公司设立、融资管理、绩效监测与支付、中期评估等。

项目移交是指项目实施机构或者政府指定的其他机构代表政府收回项目合同约定的项目资产，按照项目合同约定的移交形式、补偿方式、移交内容和移交标准完成项目的移交。项目移交包括移交准备、项目测试、资产交割、绩效评价等。

3.2 实施机制

3.2.1 评审机制

评审机制主要是用来对 PPP 项目的实施方案进行财政承受能力验证和物有所值评价。当 PPP 项目经过评审通过后，便可以由项目的实施机构上报政府进行审核；如果评审没有通过，可在调整实施方案后重新进行评审；若项目经过重新评审后依旧没有通过，则不被允许采用 PPP 模式。在评审过程中要本着整体性和概括性相结合原则，以及可测性、独立性等原则进行严谨公平的评审。评审机制主要包括两部分，即定性评审及定量评审。

1. 定性评审

PPP 项目的定性评审的作用主要是审查 PPP 项目是否符合规定，主要是从主体合规性、客体合规性、程序合规性三个方面进行评审。

1）主体合规性。主要评审项目的参与主体是否符合规定。当出现下列情形之一时，则不予列为 PPP 备选项目：①当国有企业、融资平台公司作为政府方时；②当本地融资平台公司作为社会资本方时，未按照相关文件要求剥离政府性债务以及许诺不再承担融资平台职能。

2）客体合规性。主要评审项目的应用领域、运作方式、合作期限是否符合规定。当出现下列情形之一时，则不予列为 PPP 备选项目：①项目适用领域不属于公共服务领域；②项目是采用 BT 模式进行运作的；③政府和社会资本方合作期限不超过 10 年；④采用回购安排以及保底承诺等方式进行变相融资。

3）程序合规性。主要评审项目实施程序是否符合规定。当出现下列情形之一时，则不予列为 PPP 备选项目：①项目未按照要求进行规划立项；②未按照相关文件要求进行财政承受能力论证的项目。

2. 定量评审

定量评审不同于定性评审，它是以专家评分的方式将以下 8 个方面作为评价指标来进行评分评审。

1）项目材料的规范性：主要评审申报材料的完整性，规范性以及内容是否详细、准确。

2）项目实施方案的合理性：主要评审项目的全生命周期整合、交易结构、风险分担、回报机制、绩效管理等方面。①全生命周期整合，是考察项目需求是否长期稳定，是否能够实现项目有机整合的一个重要指标。②交易结构，是考察交易结构设计是否合理，交易边界是否清晰的指标。③风险分担，是考察风险识别是否充分，政府和社会资本双方的风险分配是否合理的指标。④回报机制，项目回报机制是否合理，是否设置合理的按绩效付费或超额收益分享机制。⑤绩效管理，用来评审项目建设、运营维护等全生命周期的绩效指标是否明确，绩效监控和考核机制是否完整，能否实现有效激励和约束作用的指标。

3）财政中长期的可持续性：主要评审是否按照相关文件要求进行财政承受能力认证，论证方法的科学性评审，以及全年的 PPP 项目承担预算中规定的支出在政府总预算中的所占份额是否超过 10%。

4）项目所采用的 PPP 模式的适用性：主要评审项目能否按照要求进行物有所值评价，以及用来分析采用 PPP 模式的项目与传统模式相比是否能够提高公共服务供给数量、质量、效率等。

5）项目融资的可获得性：主要评审项目融资方案等是否达到融资的目的，以及考察融资方在前期的介入和响应速度如何。

6）项目的实施进度：主要评审立项审批手续是否完整，准备工作是否充分，进展情况如何，是否有能力达到“快速落地”。

7）项目的示范推广价值：主要评审项目的操作流程是否规范有序，能否严格执行相关政策要求以及项目在行业领域内的拓展，合作伙伴的引入，运营方式的选择，技术应用等方面，能否对项目所在地和所处领域起到示范推广的作用。

8）化解债务或增加公共服务供给的有效性：主要评审存量项目是否能够有效化解地方债务，预计可化解的地方政府债务金额和占比如何，项目建成后是否能带动经济发展，提高人民的生活水平。

3.2.2 合同管理机制

合同管理机制是 PPP 项目实施机制中重要的机制之一，在 PPP 建设项目的实施过程中，所有的工作其实都是在履行合同条款，所以合同管理也可以说是 PPP 建设的合同履约过程的管理。一般来说，PPP 项目都会有一套合同体系，主要包括项目公司与政府方的 PPP 项目合同、与融资方的融资合同、与保险公司的保险合同、与股东方的股东合同以及与承包商、运营商、原料供应商、购买方的履约合同等（图 3-2）。在 PPP 合同体系中的各个合同并不是单纯的独立关系，而是一种相互联系、紧密相关的“传导关系”。PPP 项目合同的主要内容包括以下三个方面。

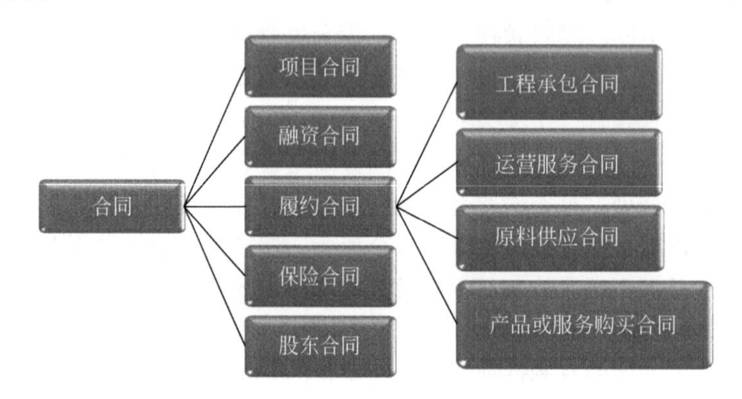

图 3-2　PPP 项目的基本合同体系

1. PPP 项目合同主体

项目合同在合同体系中是最核心的法律文件，也是合同体系的基础和核心。在项目合同中，项目边界条件作为其最重要的部分，主要包括权利义务、交易条件、履约保障等边界。PPP 项目合同通常是由政府方及项目公司两方签署，而项目合同起到的作用就是可以约定政府、社会资本双方的项目合作内容及基本的权利义务。

2. 合同管理主要内容及条款

PPP 项目合同通常会包括以下条款。

1）引言，定义、解释：引言一般出现在 PPP 项目合同的开头部分，用以说明项目合同的签署时间、签署人等；定义、解释的主要作用是对合同中出现的关键词、术语、条款等进行解释说明。

2）项目的范围：用以明确约定在项目的合作期内双方的合作范围和主要内容。

3）前提条件：通常情况下，在PPP项目合同中签署的条款中会有一些特定条款，这些特定条款并不会随着合同的签署而发挥效力，一般来说，这类条款需要相应的前提条件才能生效，只有在满足前提条件或者前提条件可以被忽视的情况下，包括特定条款在内的PPP项目中全部条款才会生效。

4）融资：通常包括项目公司的融资权利和义务、融资方权利以及再融资等内容。

5）项目用地、建设、运营、维护：合同中的项目用地条款是在项目实施中涉及的土地方面的权利义务规定，而项目的建设则通常采用BOT、BOO或者ROT等运行方式，在PPP项目中，项目运营关系着公共产品服务的供给效率和质量以及项目公司的收入，所以项目运营于政府方和社会资本方而言都至关重要，项目运营通常包括运营条件和时间，运营期间的权利和义务，以及政府和公众对项目运营的监督等，而项目维护的相关规定与项目运营的规定是非常相似的，主要作用是确定项目维护义务和责任等内容。

6）股权变更限制：在PPP项目合同中会制定限制股权变更的条款，该条款主要是为了控制项目公司股权结构的变化，通常包括股权变更的含义、股权变更的范围以及股权变更的限制等内容。

7）付费机制：设置时应考虑各方在实践中的合作预期和承受能力并结合该项目所涉及的行业领域、项目运作方式等情况。

8）履约担保：政府为了保证项目公司能够按照合同约定履约，会让项目公司就其履约义务提供相应的担保，项目公司所采取担保方式通常为履约保函、履约保证金等。

9）政府承诺：用以明确规定政府在PPP项目实施过程中应担负的责任义务，通常包括补助与付费、提供相关设施、相关的政府审批手续的办理等。

10）保险：保险问题在PPP项目中是最容易被忽略的问题，同时保险问题也是项目风险的核心所在。

11）守法义务及法律变更：主要内容包括法律的含义、守法义务、法律变更的后果。

12）不可抗力：在PPP项目合同中，不可抗力是其中重要的免责条款之一，旨在明确双方无法控制且无过错的某些事件的范围和后果。一般包括不可抗力的定义、类型和不可抗力的法律后果。

13）政府方的监督和介入：明确政府在项目实施过程中对项目的监督权和在

特殊情况下的介入权，因为 PPP 项目通常会涉及公共利益。从履行公共管理职能的角度来看，政府需要对项目的情况和质量进行严格的监控，特殊情况时要做好临时接管项目的准备。

14）违约、提前终止以及终止后处理机制：主要内容是规定违约事件、终止事由以及终止后处理机制等。

15）项目的移交：一般在项目合作期结束或项目合同提前终止时，项目公司应当按照合同约定的条款和程序，将项目设施及其相应的权益转让给政府或者政府指定的其他机构。

16）适用法律以及争议解决：在我国实施的 PPP 项目合同应当符合我国法律的有关要求和定义，并根据我国法律解释。争议解决一般要求双方根据项目的具体情况灵活选择争议解决方式。一般的解决办法有友好协商、专家判定、仲裁、争议期间的合同履行等。

17）合同附件：一般在 PPP 项目合同正文后附上一系列文件，合同中的具体技术标准、条件要求、计算公式、文件格式等会在这些附件中有更加明确的说明。常见的合同附件包括项目地点范围、项目所需的审批、技术附件、商业附件、合同履行担保格式、移交条件等。

3. 风险分配

A. 风险分配原则

PPP 项目合同的主要目的是在政府和项目公司之间将项目风险合理地分配，进而明确双方的权利和义务，以便于 PPP 项目的顺利实施和实现物有所值。在进行项目合同中的风险分配时，应遵循以下基本原则：①哪一方对风险有良好的控制力，风险就由哪一方来承担；②哪一方能够合理地转移风险，风险就由哪一方来承担；③哪一方对控制风险有更大积极利益，风险就由哪一方来承担；④哪一方对风险承担最有效率，风险就由哪一方来承担；⑤如果风险不幸发生，承担方应主动承担风险发生后的结果，并且承担方不能将因为风险产生的项目损失费用让对方来承担。

由此可以得出风险分配的最优原则：哪一方对哪种风险最具有控制力，哪一方就承担相应的风险。

B. 常见的风险分配安排

1）政府方承担的风险：土地获取风险（在特定条件下也可以由项目公司一方承担）、项目审批风险（应根据具体情况，再决定是由政府承担还是由项目公司承担）、政治不可抗力。

2）项目公司承担的风险：资金筹措、项目设计、建设及项目运营维护的风险、项目审批的风险（应根据具体情况，再决定是由政府承担还是由项目公司承担）以及项目的相关保险的风险。

3）双方共同承担的风险：自然因素不可抗力。

3.2.3 监管机制

1. PPP 项目监管的目的

从管理学角度出发，项目监管可以分成两部分，第一部分是在立项阶段，选择合作方的准入监管，这一部分监管的主要目的是从实力、资质等方面选择最合适的项目合作方，并排除可能出现亏损现象的 PPP 项目以确保 PPP 项目“物有所值”；第二部分是项目实施过程中的绩效监管，这一部分监管主要通过财务指标评价，项目评估等手段监测项目实施过程中的实际效果，同时也可以根据实际效果情况进行调整，从而确保公众利益不受损，在一定程度上可以规避市场失灵、绩效不符合要求等问题出现。所以简单来说，PPP 项目监管的目标是解除基础设施领域的市场失灵以及保证公共产品的服务质量，提高公共项目的社会效益。

2. PPP 项目监管的原则

基于 PPP 项目监管的目的制定出以下几条原则。

1）依法监管：监管机构的设立必须得到法律的明确授权，依法明确监管机构的监管范围和程序，做到有法可依，才能有效规避政府相关部门监管的随意性。

2）约束与激励相结合：一方面，政府为追求社会效益有时需要对被监管企业进行限制性的监管，所以监管机构会在建设、运营、移交期间对项目的质量、价格进行监管。另一方面，为充分发挥 PPP 模式运作的优势，需要鼓励更多的社会资本参与公共项目，因此需要采取如 PPP 示范项目资金支持、PPP 产业基金支持、试点项目专项资金支持等适当的激励机制。

3）独立专业：监管行为独立的前提条件是保证政府监管机构具有独立性，监管机构的独立性体现在要独立于政策制定部门以及参与 PPP 项目的被监管企业，这样才能确保监管的公平性。专业性原则是对政府监管部门专业的要求，因为 PPP 项目的种类多种多样，并且在项目实施过程中遇到的问题也需要其他领域的专业知识来解答，所以监管机构应建立一支在工程技术、财务、法律等方面精通的专业人才队伍，让监管发挥更好的效益。

4）公开透明可问责：公开透明的原则要求监管机制和方法的设计必须考虑到监管内容、程序与结果的公开性，使监管过程透明化，保证公众的知情权，从而创造良好的监管环境。可问责原则要求监管活动必须在政府和公众的监督下，以避免监管机构滥用监管权。

5）提高监管效率：制定PPP项目流程时，要明确各个监管主体的责任以及工作内容，避免监管重复或缺位，同时运用科学的、合理的监管方法，提高监管效率，避免因监管过度或监管不足而造成不必要的损失。

3. PPP项目监管架构

PPP项目监管架构可以确保项目实施单位代表政府对PPP项目的运营和社会资本进行沟通协调、签署PPP项目合同的权力。PPP项目的监管架构主要由两个部分组成，即授权关系和监管方式。授权关系主要是指政府对项目执行机构的授权，以及政府直接或通过项目执行机构对社会资本的授权。监管方式主要包括合同履约管理、行政管理、公众监督等。

合同履约管理：合同履约管理旨在确保项目公司的产品或服务质量符合特许经营协议的规定，以及政府满足项目公司在特许经营协议下的要求。

行政管理：行政监督的目的是确保项目公司的产品或服务质量符合行业通用技术标准以及规范，并确保其服务优质、高效、稳定、安全、合理。

公众监督：公众作为项目服务的最终利益享有者，在项目绩效考核的过程中，通过甲方定期在相关媒体上对项目进度、投资、建设、运营及支付评估情况的公布进行监管。同时，政府方将公众对项目的满意度作为绩效考核评分的依据，即政府方根据公众对项目运营期的服务质量、水平，项目移交期的完整性和可用性评价结果以绩效考核的方式进行打分，作为调整支付运营补贴的依据，实现公众对项目绩效考核的参与。

4. PPP项目监管存在的问题以及建议

就PPP项目监管现状来看，我国仍处在积极探索的阶段，因为监管体系的建立涉及方方面面，不能一蹴而就，目前PPP项目监管存在的问题主要是缺乏完整的法律法规；监管部门不明确，监管力度不足，监管质量差、效率低；制度不健全，缺乏公众参与。所以针对现存的问题，提出相应的建议，即建立相应的法律体系并不断进行完善；明确监管部门职能，建立PPP项目监管平台，提高公众参与度，将公众反馈接入PPP项目监控体系。

第4章 水环境PPP实施的项目决策机制

4.1 决策方法与要点（项目发起与筛选）

为贯彻落实财政部、国家发展和改革委员会推进PPP模式的一系列政策法规，政府积极探索推进PPP模式，鼓励和吸引社会资本参与当地的基础设施、公共服务等领域的建设与运营。

水体污染是当前环境污染的突出问题，水环境综合治理是当前环境保护的重点领域。为贯彻落实国务院《水污染防治行动计划》（以下简称“水十条”），各地全力推进水环境综合整治，同时发挥市场机制，利用社会先进技术和经验为水环境综合整治工程服务，采用PPP模式实施水环境综合整治工程。

1. 项目运作模式

公益性水环境综合整治项目，资产本身无经营性收入，需通过政府付费获取合理的投资收益。根据项目基本情况以及类似项目建设及管理发展趋势，同时结合国家关于PPP的政策及运作实务，决定采用PPP模式中具体运作方式，由社会资本方与政府出资代表共同出资设立项目公司，由项目实施机构与项目公司签订PPP项目合同，约定在PPP合作期内由项目公司负责项目的投资、融资、设计、建设及运营维护；项目公司通过政府付费形成的收入获得合理的投资收益（图4-1）。项目PPP合作期结束后，项目公司将所有资产无偿移交给项目实施机构或其指定的相关部门。

2. 项目交易结构

（1）投融资结构

项目PPP运作模式，是社会资本和政府共同成立项目公司，并由政府出资代表与中标社会资本方共同出资设立。在项目公司成立时，政府与社会资本方按一定比例出资，项目公司负责后期投融资、设计、建设、运营、维护等工作。根据

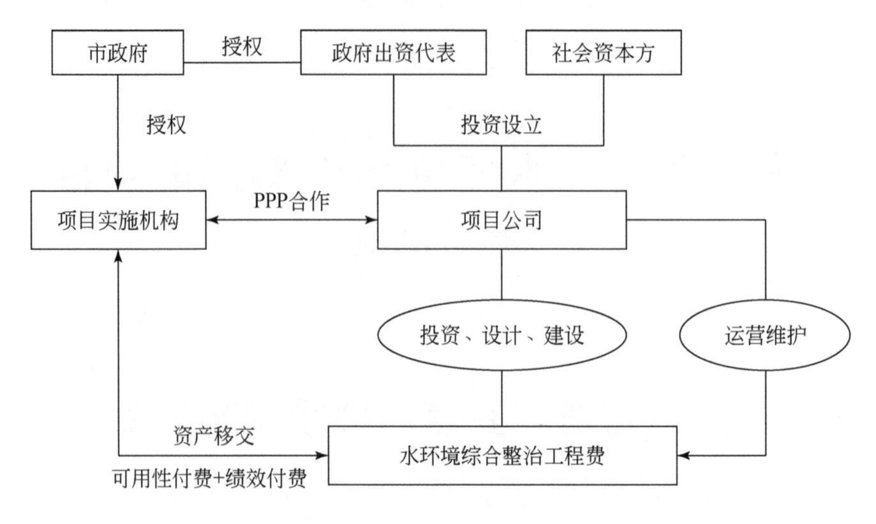

图 4-1　项目 PPP 运作方式

《PPP 项目合同指南（试行）》的说明，为了充分发挥社会资本方的积极性，政府及其所属机构在项目公司的股权比例应低于 50%，且不具有实际控制力及管理权。项目公司可以通过银行或其他金融机构筹集（图 4-2）。

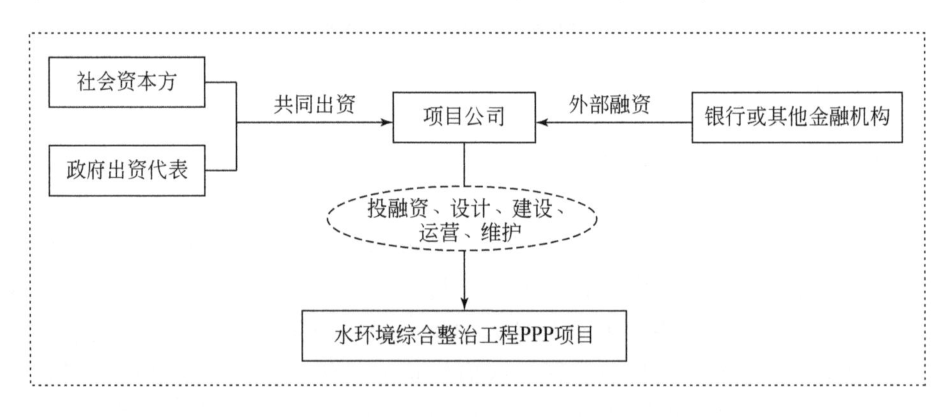

图 4-2　项目融资结构

（2）回报机制

项目为公益性项目，资产本身不具有经营收益，因而项目回报方式是政府付费（图 4-3）。

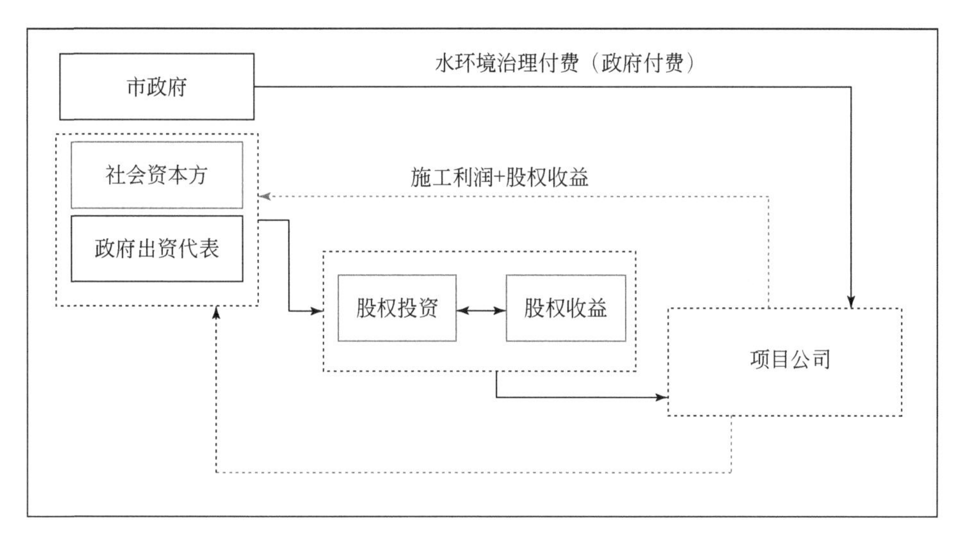

图 4-3　项目投资回报示意

实线箭头代表资金流出方向；虚线箭头代表资金流入方向

3. 合同体系

项目合同体系主要包括投资合作合同、股东协议、PPP 项目合同、融资合同、设计合同、监理合同、设备采购合同等，PPP 项目合同是其中最核心的法律文件。项目关键在于投资合作合同、股东协议、PPP 项目合同及附属合同的拟定、审批及签订（图 4-4）。

4. 项目采购

水环境综合治理项目边界条件清晰，中标社会资本直接与项目公司签署施工总承包合同，根据《中华人民共和国招标投标法实施条例》第九条第三款“已通过招标方式选定的特许经营项目投资人依法能够自行建设、生产或者提供”可以不进行招标。故而项目采用对投资、设计、建设、运维一次性公开招标的采购方式，采购具备承包资质和类似项目经验的社会资本。

项目采购可采用综合评分法，其中商务部分报价竞争点为政府付费总额、工程费用下浮率、资本金回报率、融资利率和运维成本利润率，其中政府付费总额根据工程费用下浮率、资本金回报率、融资利率和运维成本利润率计算得到。除此之外，项目初步设计方案、建设方案、财务方案等也纳入项目评审范围，全方位对社会资本的履约能力进行评价。

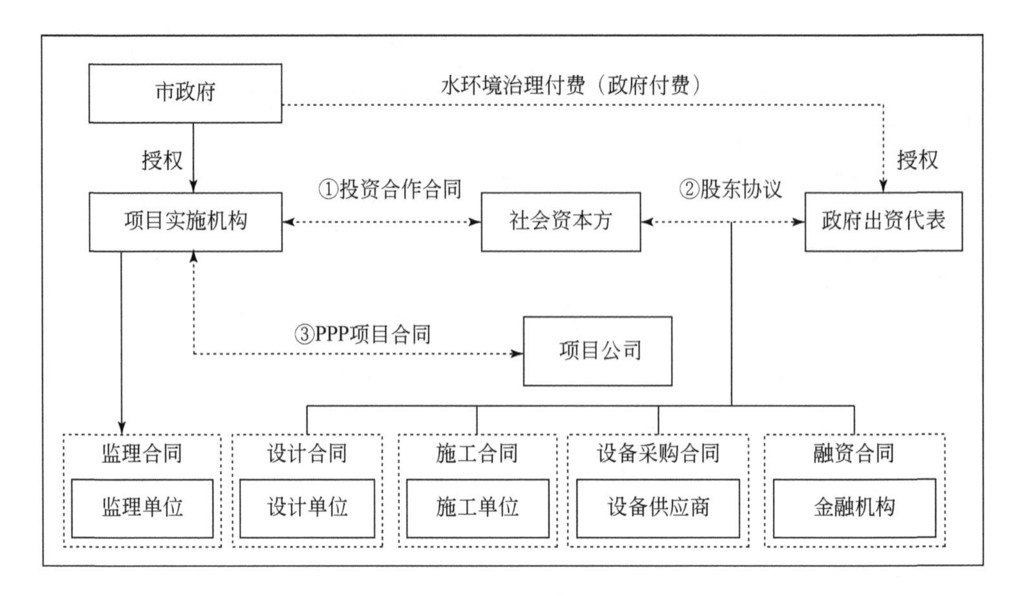

图 4-4　项目合同协议体系

4.2　物有所值评价

4.2.1　政策依据

项目物有所值定性分析的主要政策依据有《关于印发政府和社会资本合作模式操作指南（试行）的通知》（财金〔2014〕113 号）和《关于推进水污染防治领域政府和社会资本合作的实施意见》（财建〔2015〕90 号）。水环境综合治理专项资金，需符合文件关于“利用水污染防治专项资金等相关资金支持的地区，率先推进 PPP 模式”的精神。

4.2.2　分析内容

分析重点关注项目采用 PPP 模式与采用政府传统投资和采购模式相比能否增加公共供给、优化风险分配、提高效率、促进创新、政府 PPP 能力、政府采购政策落实潜力等。

1. 增加公共供给

通过采用政府和社会资本合作模式，可拓展项目建设的融资渠道，形成多元化、可持续的资金投入机制，有利于整合社会资源，盘活社会存量资本，激发民间投资活力，拓展企业发展空间，提升经济增长动力，促进经济结构调整和转型升级，增加公共供给。

2. 优化风险分配

分析多方面的风险，如组织机构、施工技术、工程、投资估算、资金、市场、政策、财务、不可抗力风险。按照最优风险分配、风险收益对等和风险有上限等原则，综合考虑政府风险管理能力、项目回报机制和市场风险管理能力等要素，在政府和社会资本间合理分配项目风险。

市政公用基础设施项目，按照传统建设模式政府需要承担全部风险，实施 PPP 模式项目设计、建设、财务和运营维护等商业风险由项目公司承担，法律、政策等风险由政府承担，不可抗力等风险由政府和社会资本合理共担。

3. 提高效率

规范的政府和社会资本合作模式能够将政府的发展规划、市场监管、公共服务职能，与社会资本的管理效率、技术创新动力有机结合，减少政府对微观事务的过度参与，提高公共服务的效率与质量。

一是对政府来讲，可以减轻政府债务负担，减缓地方融资平台压力，有效促进政府职能转变，较少对微观事务的干预，腾出更多的精力放到规划和监管上。

二是对企业来讲，可以降低参与公共领域项目的门槛，拓宽私人部门的发展空间，进一步激发非公有制经济的活力。

三是对社会来讲，通过“让专业的人做专业的事”，高低效益相配置，产生宏观效益，提高公共产品供给效率。

4. 促进创新

项目产出绩效优于约定标准的，项目实施机构应执行项目合同约定的奖励条款；未达到约定标准的，项目实施机构应执行项目合同约定的惩处条款。产出说明仅对产出的规格要求，不对项目的投入和项目公司的具体实施等如何交付问题提出要求，从而提供创新机会。

在政府与项目公司签订特许经营合同中，政府提前根据项目预期的工程规模、投资估算和投资收益分析，提前制定项目的收费标准、经营期限。项目公司通过技术创新降低投资金额、增加经营收入，政府除了正常的税费外，不参与新增效益的分配，也不通过建成后的建设投资决算重新核定收费标准来削弱项目公司通过技术创新降低工程造价的积极性。

5. 政府 PPP 能力

为拓宽城镇化建设融资渠道，促进政府职能加快转变完善财政投入及管理方式，形成 PPP 模式发展的制度体系，国家发展和改革委员会、财政部相继出台了指导意见和问题通知，以推广运用 PPP 模式。项目为政府付费，定价机制透明、有稳定现金流，满足适宜采用 PPP 模式的特点要求，符合现行的法律法规规章和政策要求。

6. 政府采购政策落实潜力

物有所值是政府采购的价值取向，不仅指提高公共资金的使用效率和效益，还包括有效落实政府采购政策。项目采购应根据《中华人民共和国政府采购法》及相关规章制度执行，采购方式包括公开招标、竞争性谈判、邀请招标、竞争性磋商和单一来源采购。项目实施机构应根据项目采购需求特点，依法选择适当采购方式。

对于采取 PPP 模式向招募社会资金合作建设基础设施项目，政府可以降低出资金额，减轻财政支出压力，提高公共资金的使用效率与效益。在项目运营过程中，政府可以通过制定相关政策、建设和管理标准，规范运营方实现合格运营排放。

7. 融资可行

采用 PPP 模式，要求社会资本在行业内具有较好的信誉度。在国内银行业融资具有一定的可靠性，对融资机构的吸引力较大，具有融资可行性。融资可行性分析一般按照项目投资的 30% 自有资金和 70% 的信贷资金考虑一个平均利率，这个平均利率与基准贷款利率相比较，并结合企业信用，融资渠道等综合因素进行方案分析。

4.2.3 分析方法

1. 定性分析

定性分析方法采用专家评分法，根据本项目实际情况，邀请财务、工程技术、项目管理、财政金融、法律等物有所值评价专家组成专家组，在专家组分析判断的基础上，通过评分表形成专家意见。

2. 定量分析

物有所值定量分析是在假定采用 PPP 模式与政府传统投资和采购模式的产出绩效相同的前期下，通过对 PPP 项目全生命周期内政府支出成本的净现值（PPP 值）与公共部门比较值（PSC 值）进行比较，判断 PPP 模式能否降低项目全生命周期成本。

物有所值定量分析的主要步骤：①根据参照项目计算 PSC 值；②根据影子报价和实际报价计算 PPP 值；③比较 PSC 值和 PPP 值，计算物有所值量值和指数得出定量分析结论。

（1）PSC 值计算

PSC 值是指政府采用传统采购模式提供与 PPP 项目产出说明要求相同的基础设施及公共服务的全生命周期成本的净现值。

PSC 值=初始 PSC 值+竞争性中立调整值+可转移风险承担成本+自留风险承担成本。

（2）设定参照项目

设定参照项目遵循如下原则：①参照项目与 PPP 项目产出说明要求的产出范围和标准相同；②参照项目与 PPP 项目财务模型中的数据口径保持一致，项目采用政府付费模式，财务收入参照项目可行性研究报告中数据并结合实际适当调整；③参照项目采用基于政府现行最佳时间的、最有效和可行的采购模式；④参照项目的各项假设和特征在计算全过程中保持不变。

（3）参数指标选择

1）资本结构：政府资本和社会资本的建设成本、资本性收益、运营成本、第三方收入、其他成本等计算，应按照出资比例计算。对政府已完成的投资项目，不再作为资本性投资，由社会资本 100% 控股。

2）折现率选择：依据财政部《政府和社会资本合作项目财政承受能力论证指引》（财金〔2015〕21 号）第十七条："年度折现率应考虑财政补贴支出发生年份，并参照同期地方政府债券收益率合理确定"，结合本项目实际，折现系数参考国债收益率确定。

3）利润率选择：依据财政部《政府和社会资本合作项目财政承受能力论证指引》（财金〔2015〕21 号）第十八条"合理利润率应以商业银行中长期贷款利率水平为基准，充分考虑可用性付费、使用量付费、绩效付费的不同情景，结合风险等因素确定"，按照当年运营补贴支出数额=全部建设成本×（1+合理利润率）×(1+年度折现率)^n/财政运营补贴周期(年)+年度运营成本(1+合理利润率)当年使用者付费数额-当年使用者付费，根据项目实际，分别按 7%、8%、9% 三个投资收益率方案进行现金流量对比分析，经测试选定项目投资合理利润率为 8%。

（4）计算初始 PSC 值

初始 PSC 值=（建设成本-资本性收益）+（运营成本-第三方收入）+其他成本。

1）建设成本：项目未完投资×××万元，计划分两年投入。

2）资本性收益：项目运营末年的折旧残值，参照会计折旧规定，项目残值为投资金额的 5%。项目估算实际投资×××万元，政府已经形成的投资不作为资本性投资，社会资本按照具体投入的 100% 固定资产形成率测算，项目到期后设施全部无偿移交给政府，收益资本性收益应归政府收益。

3）运营成本：项目运营期内的管理费用、检测维护费用等。项目运营成本参考同类项目，并根据项目自身情况确定费用取值测算。

4）第三方收入：政府按照测算核定价格（或最终竞争价格）付给项目公司的服务费收入。若项目为完全政府付费项目，第三方收入全部属于社会资本方收入，由于政府承担全部付费责任，为便于分析，将政府付费金额作为政府第三方收入为负值计算。

5）其他成本：本项目不存在其他成本。

3. 竞争性中立调整值

竞争性中立调整值是为了消除政府传统采购模式下公共部门相对社会资本所具有的竞争优势，主要包括政府比社会资本少支出的土地费用、行政审批费用、所得税等有关税费。对于政府付费的市政公用设施在建项目，竞争性中立调整值主要为营业税金和所得税，传统模式下，政府拨付项目运营费用，不产生营业税金和企业所得税，采用 PPP 模式项目公司取得收入应按照税法规定缴纳营业税金及附加、产生利润要缴纳所得税。

4. 风险承担成本

项目的风险概率和风险后果值难以预测，因此风险承担成本结合项目实际，按照可转移风险、可分担风险以及不可转移分担风险进行分类，采用比例法和情景分析法进行测算。

1）比例法。在各类风险支出数额和概率难以进行准确测算的情况下，可以按照项目的全部建设成本和一定时期内的运营成本的一定比例确定风险承担支出。

2）情景分析法。在各类风险支出数额可以进行测算但出现概率难以确定的情况下，可针对影响风险的各类事件和变量进行“基本”、“不利”及“最坏”等情景假设，测算各类风险发生带来的风险承担支出。

计算公式为风险承担支出数额=基本情景下财政支出数额×基本情景出现的概率+不利情景下财政支出数额×不利情景出现的概率+最坏情境下财政支出数额×最坏情景出现的概率概率法。在各类风险支出数额和发生概率均可进行测算的情况下，可将所有可变风险参数作为变量，根据概率分布函数，计算各种风险发生带来的风险承担支出。

5. 物有所值评价结论

根据物有所值评价要求，当物有所值评价量值和指数为正时，说明项目宜采用 PPP 模式，否则不宜采用 PPP 模式。物有所值量值和指数越大，说明 PPP 模式替代传统采购模式实现的价值越大。

4.3 财政承受能力评价

在 PPP 项目全生命周期的不同阶段，政府承担不同的义务，财政支出责任主要包括股权投资、运营补贴、风险承担、配套投入。

4.3.1 股权投资支出

股权投资支出责任是指在政府与社会资本共同组建项目公司的情况下，政府承担的股权投资责任。

4.3.2 运营补贴支出

运营补贴支出责任是指在项目运营期间，政府承担的直接付费责任。不同付费模式下，政府承担的运营补贴支出责任不同。

项目采用政府付费模式，项目运营期间，政府承担全部直接付费责任，政府每年直接付费数额包括社会资本方承担的年均建设成本（折算成各年度现值）、年度运营成本和合理利润。

4.3.3 风险承担支出

风险承担支出责任是指由政府承担风险带来的财政或有支出责任。项目由社会资本成立项目公司运作，政府不需要按照所出资比例承担项目风险。项目的风险概率和风险后果值难以预测，因此风险承担成本结合本项目实际，按照可转移风险、可分担风险以及不可转移分担风险进行分类，采用比例法和情景分析法进行测算。

第一类可转移风险包括项目建设期间可能发生的组织机构、施工技术、工程、投资估算、资金、市场、财务等风险，项目公司通过参加商业保险后，大部分风险可以有效转移，风险承担成本按项目建设成本的 5% 考虑。

第二类可分担风险包括项目建设和运营期间可能发生的法规政治风险、自然灾害等不可抗力风险等，需要政府和项目公司共担的风险，按照项目建设投资的 1% 考虑，项目公司和政府各分担 50% 。

第三类不可转移分担风险包括主要项目运营期间受消费物价指数、劳动力市场指数等影响可能发生的价格调整和利润率对运营补贴支出风险责任，不可转移和分担，由政府承担风险支出。

4.3.4 配套投入支出

配套投入支出责任是指政府承诺将提供的配套工程等其他投入责任，包括土地征收和整理、建设部分项目配套设施、完成项目与现有相关基础设施和公用事业的对接、投资补助、贷款贴息。

配套投入支出责任主要指建设用土地实物投入和已完工程投资，由于采用对工程未完部分实施 BOT 建设完成并整体运营，为降低项目运营成本支出，减少财政负担，已经到位的中央专项资金和政府配套的投入，不作为项目资本，故不考虑配套投入支出责任。

1. 合理设置资格条件，强调供应商运营能力

对于 PPP 项目而言，很多供应商只注重项目的建设，而忽视了项目的运营维护。项目合作期限较长，运营维护内容较为繁复，水环境治理项目对于运营维护的要求也较高。为了确保在长达 30 年的合作期内，保持项目主体工程的正常运转，需要对供应商的运营能力提出更高的要求。为此，项目在资格预审阶段，对运营商资质条件设置了“申请人至少有一个市政污水管网建设工程或河道治理工

程或水环境综合整治或污水处理类的 PPP 项目，申请人至少承担该项目的投资和运营”。确保供应商具备类似项目的运营能力和经验，为水环境治理工程提供更好的运营维护服务。

2. 多方沟通采购需求，合理确定采购条件

PPP 项目投资额较大，合作期限较长。由于政府方与社会资本方在行业发展、市场竞争等方面存在信息不对称，双方在采购需求等方面存在一定的差距。项目需通过多次的市场测试，充分了解潜在社会资本的采购需求；征求政府方对于项目采购的合理意见。最终确定项目资格预审要求、竞价条件和项目评审标准。

3. 结合项目实际情况，创新运维竞价机制

若项目运营维护内容包含城镇污水收集系统、排水（雨水）收集系统，不同内容主管部门不同，项目运营维护的范围需要经过政府方及主管部门确认，故在项目建设完成之前难以准确计量项目运营内容。若采用对运营维护费用进行报价，则由于运营维护范围不能准确计量而存在一定难度。对此，项目可对于运维绩效付费部分采用对运维成本利润率进行报价的方式，即由政府方估算项目运维成本，由社会资本方对运维成本利润率进行报价。在项目运营过程中，实际运维成本采用“年初审核、年末核算”的方式，即由项目公司在年初向项目实施机构提交本年度运维成本预算，项目实施机构会同财政部门共同委托第三方审核；当年运维成本由项目公司在年末根据实际支出情况申请，经实施机构及财政局审核通过后，结合中标成本利润率及考核情况进行支付。通过对运维成本利润率进行报价，同时对运维成本进行“年初审核、年末核算”，使得政府运维绩效付费透明化，同时方便政府方根据公众利益和监管要求合理调整运营维护范围。

4. 深入征求各方意见，完善项目合同条款

为了确保项目招标文件及项目合同条款的合理性，项目会同通过市场测试、政府工作汇报、专题讨论等形式与潜在社会资本、政府方法律顾问、政府法制办等进行了深入的探讨。针对项目建设内容、项目运营维护范围、项目设计、已建工程费用返还、项目回报机制、项目管理费、绩效考核办法等关键问题展开论证，并通过多次政府常务会议汇报，最终确定了项目招标文件及项目合同中的关键条款，保障项目顺利地采购并落地。

5. 设置合理调价机制，保障项目顺利推进

项目合作期限较长，为保证项目顺利实施推进，需要对政府付费设置一定的

调价机制，保障各方利益。公益性水环境治理项目，其回报机制主要为政府付费，其中政府付费分为可用性付费和绩效付费。为此，项目针对可用性付费设置了相应的调价机制。可用性付费调价分为基准利率变动导致的付费调价和项目公司获得政策性贷款后的调价，基准利率变动导致的付费调价是指在项目合作期内，当中国人民银行五年以上贷款基准利率（K）变动达到一定条件时，将启动政府可用性付费调价机制。项目公司获得政策性贷款后的调价是指在项目运作过程中，无论何种原因，项目公司获得政策性银行的贷款，当该政策性贷款利率（K_x）达到一定条件时，则政府启动对可用性付费的调价。

第 5 章　水环境 PPP 项目实施的风险管理机制

5.1　风险管理内容

风险管理是指如何在项目或者企业中肯定存在风险的环境里把风险减至最低的管理过程。风险管理通过对风险的认识、衡量和分析，选择最有效的方式，主动地、有目的地、有计划地处理风险，以最小成本争取获得最大的安全保证。当企业面临市场开放、法规解禁、产品创新等情况时，均会造成变化波动程度提高，连带增加经营的风险性。因此，良好的风险管理有助于降低决策错误的概率、避免损失的可能、相对提高企业本身的附加价值。

工程项目投资建设的过程，实际上是一个充满不确定性因素、风险丛生的过程。特别是对一些大型、特大型项目，若投资决策失误和风险预防不力将会给项目相关各方带来灾难性的损失。无论是业主、承包商还是金融机构都非常重视加强对风险的认识，世界银行针对每一个贷款项目都要进行风险分析，并制定相应的风险管理计划。风险管理的发展大致经历了如图 5-1 所示的几个阶段。

图 5-1　风险管理的发展阶段

萌芽阶段（18 世纪中期至 20 世纪 50 年代）：第一次世界大战之前，法国经营管理始祖亨瑞·法约尔在其《工业管理与一般管理》一书中，第一次将企业面临的风险列为企业管理的重要职能之一，但很长时间内并没有形成完整的体系和制度。20 世纪 50 年代美国的一些大公司发生了重大损失使公司高层决策者开始认识到风险管理的重要性。其中一次是 1953 年 8 月 12 日通用汽车公司在密歇根州的一个汽车变速箱厂因火灾损失了 5000 万美元，成为美国历史上损失最为严重的 15 起重大火灾之一。这场大火与 20 世纪 50 年代其他一些偶发事件一起，推动了美国风险管理活动的兴起。1952 年美国学者格拉尔在其调查报告《费用控制的新时期——风险管理》中首次提出并使用“风险管理”一词。

形成阶段（20 世纪 50 ~ 70 年代）：20 世纪 50 年代莫布雷在其著作《保险学》一书中详细阐述了“风险管理”的内涵。随后，美国保险管理协会（American Society or Insurance Management，ASIM）开设了为期 12 周的风险管理课程，赫奇斯教授主持成立了 ASIM 风险与保险学课程概念特别委员会，并发表了《风险与保险学课程概念》一文，为该学科领域的培训和教育工作奠定了一定的基础。1963 年梅尔和赫奇斯合著 *Risk Management in Business EnterPrise*，该书后来成为该学科领域影响最为深远的历史文献。而美国风险与保险管理协会（Risk and Insurance Management Society，RIMS）的成立，标志着风险管理从原来意义上的用保险方式转变为真正按照风险管理的方式处置风险，风险管理开始了一个新的里程。

发展阶段（20 世纪 70 年代至今）：20 世纪 70 ~ 80 年代，随着经济、社会和技术的迅速发展，人类开始面临越来越多、越来越严重的风险。科学技术的进步在给人类带来巨大利益的同时，也给社会带来了前所未有的风险。1979 年 3 月美国三里岛核电站的爆炸事故，1984 年 12 月 3 日美国联合碳化物公司在印度的一家农药厂发生了毒气泄漏事故，1986 年苏联乌克兰切尔诺贝利核电站发生的核事故等一系列事件，大大推动了风险管理在世界范围内的发展，风险管理有了快速的发展，人们从理论研究和管理实践方面对风险管理有了不同层次的认识，很多学术研究机构和研究协会的成立对风险管理理论的进一步发展与指导实践起了积极推动的作用，如 RIMS、欧洲风险研究会等。1983 年在美国 RIMS 年会提出的 101 条风险管理原则，成为各国风险管理的一般准则，使风险管理更趋科学化和规范化，标志着风险管理进入一个新的研究阶段。颇具影响力的国际项目管理协会（International Project Management Association，IPMA）在每两年召开一次的年会上对项目风险管理研讨，进一步强化了风险管理的理论研究。美国项目管理协会（Project Management Institute，PMI）在项目管理知识体系中，把风险管理内容从原来的四个方面拓展到六大层面。同时，风险管理已成为企业管理中不可或缺的重要职能之一。随着联合国关于风险管理研究报告《发展中国家风险管理的推进》的出版，进一步推动了风险管理在发展中国家的推广和普及。目前，风险管理已经发展成企业管理中一个具有相对独立职能的管理领域，在围绕企业的经营和发展目标方面，风险管理和企业的经营管理、战略管理一样具有十分重要的意义。

5.2 PPP 项目风险的特点

相对于发达国家而言，我国的 PPP 的风险管理仍处于有待完善阶段。在探索 PPP 项目的风险治理过程中，我国应该结合实际发展情况进行更为具体的分析，首先要明确我国现阶段 PPP 项目风险的特点，才能针对我国 PPP 项目的特点进行改进。我国 PPP 项目风险的特点主要可以概括为以下几点。

(1) 客观性

在工程项目实施过程中，客观条件千变万化，自然灾害和不可抗力因素，加之人类社会各种矛盾交织都是不以人的主观意志为转移的。因此，客观性是 PPP 项目风险中最明显的一个特点。

(2) 不确定性

由于 PPP 工程项目管理中强调决策管理、目标规划和计划管理，建设工程目标规划和计划都是着眼于未来，而未来充满着不确定性因素，即充满着风险因素和风险事件。因此，工程项目的风险活动或事件的发生及其后果都具有不确定性。

(3) 复杂多样性

PPP 项目多是由不同类别的子项目组成，这导致其本身的结构复杂性，而且 PPP 项目的运作有 ROT、BOT、TOT 等不同的模式，所涉及的参与方众多，使其风险具有复杂性。例如，PPP 模式中政府是参与方，所以必然受到政治经济环境的影响，政策、法律变更会增强项目建设的不确定性，可能会影响施工进度和整体建设效率。PPP 建设项目需要一定的技术分析和项目设计，必然存在技术风险，施工方法不科学或设计工艺选择不当，可能会导致项目达不到预计效果。由于 PPP 项目投资大、周期长、采购模式不稳定，必然存在一定的融资风险和时间风险，同时可能会受到自然灾害等不可抗力因素带来的影响，以上所述都使其风险存在更大的复杂性。

(4) 阶段性

PPP 项目包含项目立项、建设、运营维护、移交等多个阶段，各个阶段的运作目标彼此区别，因此各种风险对项目的影响也具有阶段性特征，即在项目的各个不同阶段，项目的主要风险不同。例如，在项目立项期阶段可能发生项目获准风险、项目可行性研究风险、项目招投标风险、审批延误风险、项目融资延误或失败等风险。在项目建设期存在设计不当风险、完工风险、施工技术不当风险、安全风险、承包商管理不当风险、建设期不可抗力风险、环境污染风险、市场风险（建筑材料供应风险）等。项目运营阶段风险事件的发生，将直接影响到项目的现金流。该阶段可能发生的风险主要有原材料供应和价格风险、市场需求变化、配套设施服务得不到提供、市场收益不足、环境污染风险、技术风险、运营管理风险、政治反对风险等。

由于在 PPP 项目中风险因素众多，有些风险具有阶段性，另外还有部分风险，如法律修改或变更风险、所在国政局不稳风险、所在国金融风险、项目合作伙伴信用风险、竞争性风险等具有全阶段性，这些风险不仅仅存在于 PPP 项目的某一阶段，可能存在于几个阶段或者项目的全生命周期内。

（5）延续性

事物的发展除了受外界作用的影响之外，还与其初始状态有关，而初始状态是过去发展的结果，过去的行为不仅影响事物的现在，也影响其未来，因而事物的发展带有一定的延续性，也就是惯性。PPP 项目风险亦是如此，它的产生、发展、变化、消除也都是相关联的。

（6）整体性

风险的影响常常不是局部的或某一段时间、某一个方面的，而是全局性的。例如，反常的气候条件造成工程的停滞，将影响整个后期计划，影响后期所有参加者的工作。它不仅会造成工期的延长，而且会造成费用的增加，造成对工程质量的危害。即使局部的风险也会随着项目发展，影响逐渐扩大。例如，一个活动受到风险干扰，可能影响与它相关的许多活动，所以在项目中风险影响随时间推移有扩大的趋势。

（7）相对性

风险对于不同工程项目的活动主体可产生不同的影响。人们对于风险事故有一定的承受能力，但是这种能力因人和时间而异，而且收益的大小、投入的大小以及项目活动主体地位的高低、拥有资源的多寡，都与人们对工程项目风险承受能力的大小密切相关。

（8）可变性

风险的可变性是指风险性质的变化、风险后果的变化、出现新的风险。风险后果包括后果发生的频率、收益或损失大小。随着科学技术的发展和生产力的提高，人们认识和抵御风险事故的能力也逐渐增强，能够在一定程度上降低风险事故发生的频率并减少损失和损害。例如，在 PPP 项目风险管理中，加强人员建设，增强责任感，提高管理技能，就可能使一些风险变成非风险。此外，由于信息传播技术和预测理论、方法、手段的不断完善与发展，某些 PPP 项目风险可以较早、较正确地得到预测，因而大大减少了工程项目的不确定性。但是，随着工程项目或其他活动与展开，一些新的风险随之出现。特别是活动主体为回避某些风险而采取一些行动时，其他风险就有可能出现。例如，某些工程项目为了早日完成，采取边设计边施工或者在设计中免除校核手续的办法，虽然加快了工程进度，但却增加了设计变更、降低施工质量和提高造价的风险。

5.3 风险识别方法

项目风险识别是一项贯穿于项目实施全过程的项目风险管理工作。它不是一次性行为，而应有规律地贯穿整个项目中。风险识别可定义为“系统地、持续地鉴别、归类和评估建设项目风险重要性的过程”。风险如果不能被识别，它就不能被控制、转移或者管理，因而风险识别是风险分析和采取措施前的一个必需步骤。风险识别包括识别内在风险及外在风险。内在风险指项目工作组能加以控制和影响的风险，如人事任免和成本估计等。外在风险指超出项目工作组等控力和影响力之外的风险，如市场转向或政府行为等。严格来说，风险仅仅指遭受创伤和损失的可能性，但对项目而言，风险识别还牵涉机会选择（积极成本）和不利因素威胁（消极结果）。

风险能够用许多方法来识别。大多数的风险识别方法依赖过去类似项目的经验。任何能进行潜在问题识别的信息源都可用于风险识别，信息源有主观和客观两种（图 5-2）。客观信息源包括过去项目中记录的经验和表示当前项目进行情况的文件，如工程文档、计划分析、需求分析、技术性能评价等；主观信息源是基于有经验的专家的经验判断。

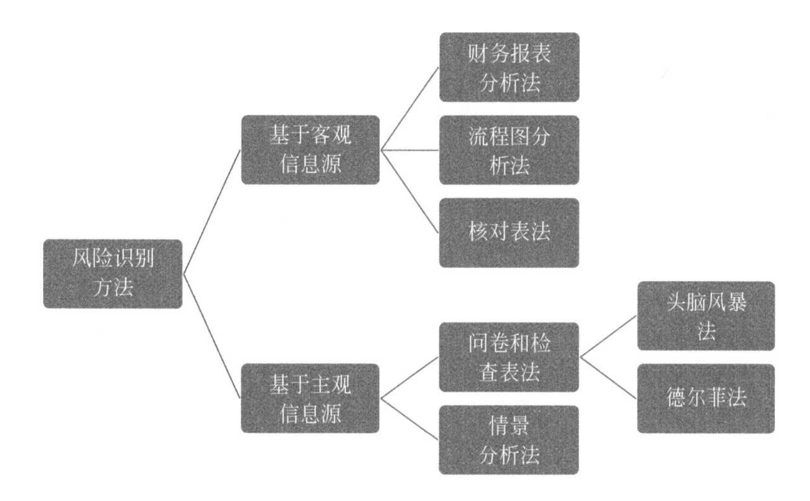

图 5-2　风险识别方法

5.3.1 基于客观信息源的风险识别方法

（1）财务报表分析法

财务报表分析法通过分析资产负债表、营业报表以及财务记录，就能识别本企业或项目当前的所有财产、责任和人身损失风险。将这些报表和财务预测、经费预算联系起来，就能发现未来的风险。这是因为，项目或企业的经营活动要么涉及货币，要么涉及项目本身，这些都是风险管理最主要的考虑对象。这种方法基于个体的经验警惕可能的损失，属于静态之分析，但不会有助于风险识别的细化。

（2）流程图分析法

流程图分析法首先要建立一个工程项目的总流程图与各分流程图，它们要展示项目实施的全部活动。流程图可用网络图来表示，也可用工作分解结构（work breakdown structure，WBS）来表示。它能统一描述项目工作步骤；显示出项目的重点环节；能将实际的流程与想象中的状况进行比较；便于检查工作进展情况。这是一种非常有用的结构化方法，它可以帮助分析和了解项目风险所处的具体环节及各环节之间存在的风险，属于动态之分析。运用这种方法完成的项目风险识别结果，可以为项目实施中的风险控制提供依据。

（3）核对表法

核对表一般根据项目环境、产品或技术资料、团队成员的技能或缺陷等风险要素，把经历过的风险事件及来源列成一张核对表。核对表的内容可包括以前项目成功或失败的原因；项目范围、成本、质量、进度、采购与合同、人力资源与沟通等情况；项目产品或服务说明书；项目管理成员技能；项目可用资源等。项目经理对照核对表，对本项目的潜在风险进行联想相对来说简单易行。这种方法也许揭示风险的绝对量要比别的方法少一些，但是这种方法可以识别其他方法不能发现的某些风险。

5.3.2 基于主观信息源的风险识别方法

（1）问卷和检查表法

问卷和检查表法又分两种。一种是以集体的方式利用专家们的经验，以专家们的创造性思维来索取未来信息的一种直观预测和识别方法，这种方法称为头脑风暴法，也称集体思考法，此法由美国人奥斯本于 1939 年首创，从 20 世纪 50 年代起就得到了广泛应用。头脑风暴法一般在一个专家小组内进行（图 5-3）。

以“宏观智能结构”为基础，通过专家会议，发挥专家的创造性思维来获取未来信息。这就要求主持专家会议的人在会议开始时的发言中能激起专家们的思维“灵感”促使专家们感到急需回答会议提出的问题，通过专家之间的信息交流和相互启发，从而诱发专家们产生思维共振，以达到互相补充并产生“组合效应”，获取更多的未来信息，使预测和识别的结果更准确。我国 70 年代末开始引入头脑风暴法，并受到广泛的重视和采用。

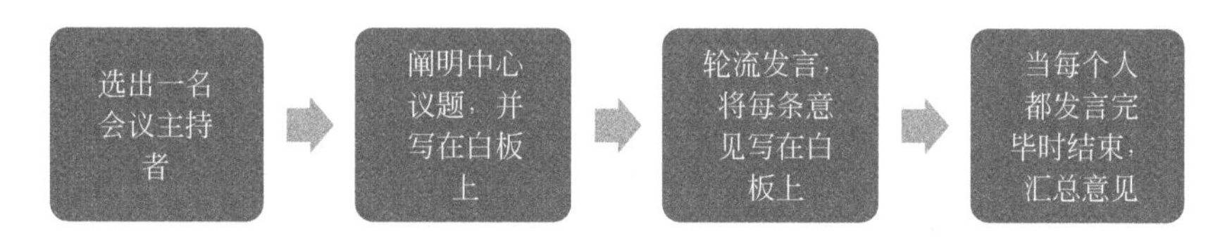

图 5-3　头脑风暴法流程

另一种是单独咨询专家们，然后再汇总，即德尔菲法，又称专家调查法，它是 20 世纪 50 年代初美国兰德公司研究美国受苏联核袭击风险时提出的，并在世界上快速地盛行起来。它是依靠专家的直观能力对风险进行识别的方法，现在此法的应用已遍及经济、社会、工程技术等各领域。用德尔菲法进行项目风险识别的过程是由项目风险小组选定项目相关领域的专家，并与这些适当数量的专家建立直接的函询；通过函询收集专家意见，然后加以综合整理，再匿名反馈给各位专家，再次征询意见。这样反复经过 4 ~ 5 轮，逐步使专家的意见趋向一致，作为最后识别的根据（图 5-4）。我国在 20 世纪 70 年代引入此法，已在许多项目管理活动中进行了应用，并取得了比较满意的结果。

问卷中注明可能的风险，这些风险条款来自先前的项目或专家的判断。问卷和检查表的结合使用是一个好方法，无论这个项目是复杂的还是一般的，只要这个项目有类似项目的前例。对于无前例的第一次的项目，问卷和检查表都必须是典型的。

（2）情景分析法

情景分析法是由美国 SlIELL 公司的科研人员 Pierr Wark 于 1972 年提出的。它是根据发展趋势的多样性，通过对系统内外相关问题的系统分析，设计出多种可能的未来前景，然后用类似于撰写电影剧本的手法，对系统发展态势作出自始至终的情景和画面的描述。当一个项目持续的时间较长时，往往要考虑各种技术、经济和社会因素的影响，可用情景分析法来预测和识别其关键风险因素及其影响程度。情景分析法对以下情况是特别有用的：提醒决策者注意某种措施或政策可能引起的风险或危机性的后果；建议需要进行监视的风险范围；研究某些关键性因素对未来过程的影响；提醒人们注意某种技术的发展会给人们带来哪些风

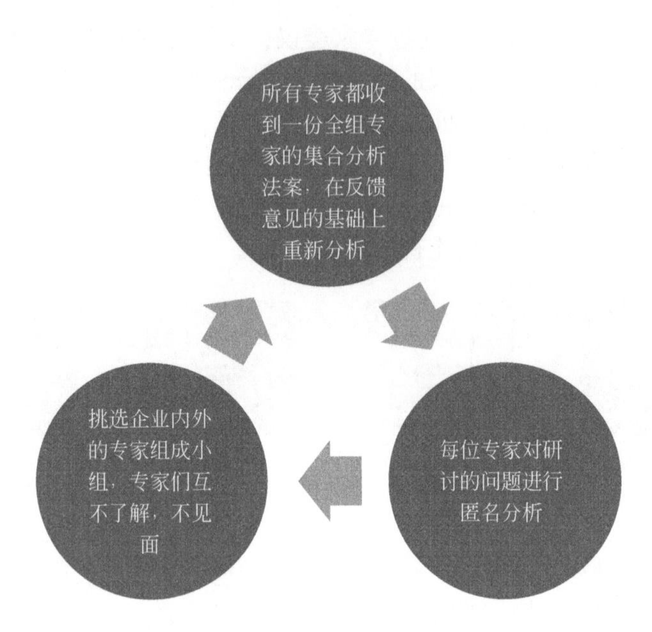

图 5-4 德尔菲法流程

险。情景分析法是一种适用于对可变因素较多的项目进行风险预测和识别的系统技术，它在假定关键影响因素有可能发生的基础上，构造出多重情景，提出多种未来的可能结果，以便采取适当措施防患于未然。情景分析法从 20 世纪 70 年代中期以来在国外得到了广泛应用，并产生了目标展开法、空隙填补法、未来分析法等具体应用方法。一些大型跨国公司在对一些大项目进行风险预测和识别时都陆续采用了情景分析法。因其操作过程比较复杂，目前此法在我国的具体应用还不多见。情景构造法也是依照过去经验来鉴别的方法。这一方式与其他方式的不同在于风险识别与处理的方式，项目过程是从两个极端情形来考察的，即最乐观的一面和最悲观的一面。

5.4 PPP 项目风险因素及表现

PPP 项目的成败取决于多方面的因素，风险因素分析是确定一个项目的风险范围，即有哪些风险存在，将这些风险因素逐一列出，以作为全面风险管理的对象。总结国内外各种成功和失败的 PPP 项目案例，主要的风险因素如图 5-5 所示。

（1）政府因素

一是政府审批延误带来的风险。审批延误风险是指项目审批程序过于复杂、

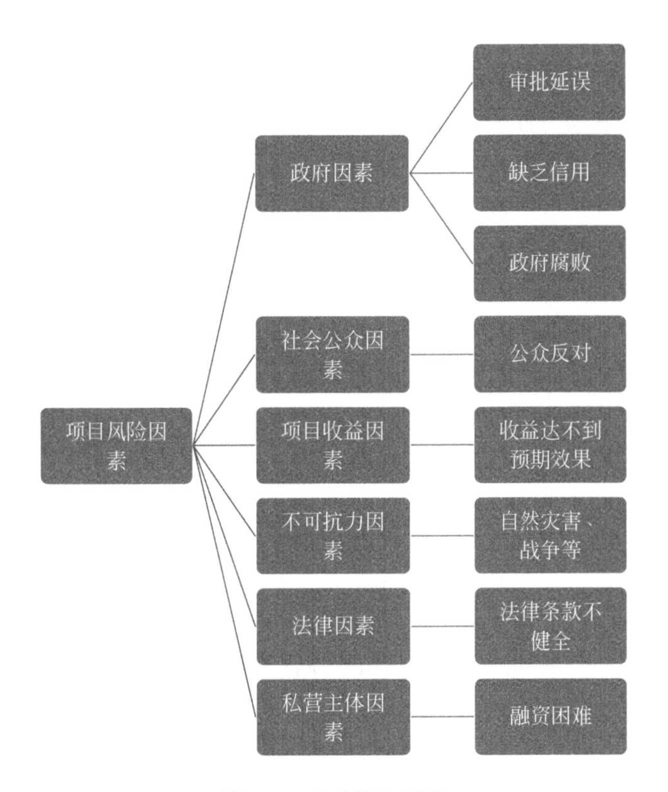

图 5-5　项目风险因素

僵化，从而导致审批时间花费过长，进而导致成本增加的风险。有时也把项目审批之后调整困难列为项目审批延误风险，即项目审批之后再对项目的性质和规模进行必要的商业调整会非常困难，容易给项目的正常运行带来威胁。二是政府因为客观因素无法履行合同约定的责任和义务而给项目带来直接或间接危害的风险。

（2）社会公众因素

项目的实施导致公众利益受损，引起社会公众的反对，从而给项目建设带来风险。

（3）项目收益因素

PPP 项目在投入使用之后，并不能取得与预期收益相符的收益，从而导致 PPP 项目在特许经营时期内经营出现问题。项目收益因素可能由于其他风险因素引起，比如承诺的补贴未能及时到位，或者项目出现竞争者，影响了项目的垄断地位，从而导致项目收益的不足。

（4）不可抗力因素

合同当事人在签订合同之前无法预见、无法预防，情况发生时无法避免和无法控制的事件或情况，导致不能履行或不能如期履行合同，从而给项目带来风险。在我国，夏季容易因为暴雨天气而产生洪涝灾害，东南沿海城市还会遭遇台风天气，这些自然因素都会使不可抗力风险大大提高。当然，不可抗力因素并不仅仅局限于自然因素。

（5）法律因素

PPP 项目所涉及的法律法规非常的多，在一个项目流程的各个环节都会涉及许多领域的法律问题，而我国目前关于 PPP 项目的法律法规并不完善，特别是缺乏统一的、全国性的有关 PPP 的立法，因此出现了例如江苏某污水处理厂等项目遇到的法律变更风险。

（6）企业因素

部分企业抱有投机心理，试图利用政府部门缺乏专业知识的弱点签订不平等的合同，缺乏公平的合同在以后的执行过程中很容易造成政府出现信用风险。

5.5 风险应对策略

根据我国 PPP 项目可能存在的风险，提出了相应的风险应对措施，包括风险发生前的风险规避措施以及严重风险发生后的应对措施。

5.5.1 政府方面

简化、规范 PPP 项目的审批流程。政府要逐步规范 PPP 项目的审批流程和管理程序，简化 PPP 项目审批程序，加快项目进程，避免延期。

建立起系统、完善的监督评价体系。PPP 项目所涉及的各级政府要建立起由政府和社会公众共同参与的监督评价体系与信息发布机制。政府要及时发布项目相关信息，充分调动社会公众、新闻媒体等社会力量的积极性，让其参与项目进度的监督，由此形成政府、市场和社会 3 种力量共同参与 PPP 项目监管的局面。

建立定价监控机制。为降低监管成本，政府需要建立以定价机制为核心的监管机制，这项工作主要由发改委部门或物价局进行审核。监管机制包括市场准入、项目实施、产品或服务定价，其核心部分是定价机制。合理的定价机制有利于提高社会资本的积极性，降低项目运行中的财政风险。

建立绩效管理机制。政府应当建立起项目实施全生命周期的绩效管理机制，主要包括三个时段：项目实施前绩效目标设定、项目中期绩效进度审核和项目结束后期绩效评价，并将其应用到政府投资、私人资本投资、消费者付费的评价中，并将评价结果作为项目质量评价的重要依据之一。

建立财政补贴机制。在项目实施的过程中，社会资本能够承担的风险是有限的，一旦超过其承受能力，社会资本将难以保证项目的顺利进行。这时，政府要立即启动预备的补贴机制，弥补社会资本遭受的损失。完善调价机制。调价机制对于 PPP 项目也非常重要，这一机制是为了应对项目中的不确定因素设计的。在项目实施过程中，由于市场需求的不确定、利率和汇率的不确定、主要原材料价格的波动、通货膨胀等不确定性因素发生变化，预先设定价格调整方式成为最常用的应对方法，可以在一定程度上保护项目收益。因此，在项目运营期内，政府要将观察到的由于风险因素影响而发生的成本或盈利能力的变化转化成价格变化，以启动调价机制。

5.5.2 项目合同方面

建立合同制治理机制。PPP 项目选择合作伙伴往往采用公开招标的方式，选择竞争力最强的民营企业作为自己的合作伙伴。为了与政府公共管理部门形成长期的合作关系，这些中标的企业必须不断提升自己的服务水平和产品质量，而未中标企业也需要提升自身竞争力，争取成为潜在的合作伙伴。合同制能够约束政府和社会资本的失信行为，避免因某一方违背合约而造成项目失效，能改变原来缺乏透明、垄断、低效率的公共基础设施项目建设状况。建立合理的风险分担机制。对于社会资本而言，只有合理的风险分担机制和最恰当的风险分配才能吸引其参与。按照风险与收益相匹配的原则，对项目中可能发生的所有风险进行合理分配，避免某一方承担过多的风险。一般而言，政府需要承担土地审批、政策变更、项目审批等风险，而社会资本则需要承担项目在建设、运营以及维护阶段可能发生的所有风险，同时，双方还需要共同承担如汇率变化、自然灾害等不可抗力风险。此外，为了防止项目因为法律法规或者政策变动影响而终止或失效，政府和社会资本通常在签订合同时预留协议空间，减轻政策变动的风险。

5.5.3 融资方面

优化 PPP 项目的融资环境。首先，政府应鼓励除银行以外能够为 PPP 项目提供资金的新型融资方式，如合作入股、私募基金、股票、债券以及其他金融工具进行融资，并且可以引入保险基金、设备基金等形式，将 PPP 项目投融资渠道进行拓展。其次，政府资本要合理选择融资方式，确保融资的可行性。融资对于项目的正常开展意义重大，融资能力的强弱也是衡量项目承担方实力的重要标准，因此政府相关部门首先应选出最优的融资方式，然后企业合理判定自己的投资能力，并对自身风险承担能力进行评估，从而使融资风险最小化。最后，PPP 项目本身要注重征信的提升，尤其是政府方、社会资本方的资金质量高低也会影响到 PPP 项目的征信。所以，PPP 项目要确保各方资金的质量。

5.5.4 风险防控规律研究方面

加强风险防控规律的研究。风险作为一种客观存在的可能性，其规律性由风险自身矛盾的特殊性决定，是通过各种不断变化的外在现象来表达的风险隐蔽、稳定的内部联系。汇聚专业优势提高风控研究能力，去伪存真、去粗取精，从而识别出风险规律的本质特征，提高风险规律研究的针对性和准确性。注重风险案例数据收集积累，作为个体的风险资料数据积累越多，作为整体的风险规律就显示得越清晰明确，分析和研判就越准确。尽管风险转化为危机常常是在人们看不到的地方才发生的，真实的风险及其危机往往超出人们的想象和掌控能力，但是每一次的风险变危机都有独特性和偶然性，加强风险管理研究可以大大降低决策失误的几率，减少风险发生时带来的损失。提前做好防控风险的应对措施，建立预警体系，包括预测、分析、预报和应急处置等。提高了防控风险尤其是防控“灰犀牛”风险的能力，但是这些预警管理尚不足以应对非典型的和小概率的高风险事件。因而，要有针对性地增加对“黑天鹅”风险的预警，需要专门制定一套“黑天鹅”预警指标体系、预警评估体系和预警应对体系。做好风险预测、识别、应对、处置研究，置风险于可控范围。

5.5.5 人才培养方面

解决一切问题都会回到人，PPP 项目也不例外。无论是风险防范还是风险应对，都需要专业人员妥善处置。政府可以采取理论和实践相结合、吸取国外经验教训、引进国外专业人才和管理技术等方法。考虑我国实际情况，培养人才包括两方面。一是要对政府相关部门的人员进行专业培训。着重对相关部门领导、管理人员以及业务人员进行 PPP 模式相关基础知识的培训，提升他们对于 PPP 模式的认知，并结合国内外相关经验，培养出一批专业的高素质管理人才。二是加大专业人员培养。在高校开设相关课程，培养出一批既精通 PPP 模式的理论知识又具备实际操作能力的专业人才，为推进 PPP 模式做好人才储备工作。

第6章 水环境PPP项目实施绩效评价机制

6.1 项目绩效评价理论概述

6.1.1 项目评价理论概念及发展

项目评价是在项目可行性研究的基础上，分别从宏观、中观、微观的角度，对项目进行全面的技术经济的预测、论证和评价，从而确定项目的投资经济效果和未来发展前景，这种预测、论证和评价要求从正反两方面提出意见与建议，为项目决策者提供项目取舍及实施方案的多方面告诫，并力求客观、准确地将与项目有关的资金、资源、技术、信息、市场、财务、社会等各方面的基本数据资料和实际环境，完整地汇集、预测，呈现于决策者面前，使其能够处于比较有利的地位，实事求是地做出科学正确的决策。

项目评价过程主要经历了三个时期。第一个时期，1830～1930年是项目评价产生与发展的初级阶段，古典学派的经济学家以集中分析企业追求最高利润行为为主。第二个时期，1930～1980年，传统社会费用效益分析方法发展应用阶段，理论基础是凯恩斯理论和福利经济学的社会费用效益分析方法，最初应用在美国的水利和公共工程领域，后来逐渐向欧洲和发展中国家推广，1968年经济合作与发展组织（Organization for Economic Cooperation and Development，OECD）提出其新方法，1980年OECD又提出以项目对国民收入贡献作为判断项目价值的标准，这种按照国际市场价格和汇率来估计项目的投入产出模式大大推动了项目评价理论方法的发展，但是并不太适合发展中国家的项目评价。项目评价研究的第三个时期是20世纪80年代以后，各国经济学家和工程界人士加大了对建设项目宏观评价的研究力度，将社会评价和综合评价视为建设项目，尤其是大型、超大型建设项目上马的必要条件，同时更加注重环境保护和可持续发展在项目评价中的地位，并制定了相应的国际标准。尤其是伴随着项目多目标决策方法的应用，项目综合因素评价越来越丰富，比较有代表性的是1964年美国Range公司创立的德尔菲法以及 70 年代美国学者 T. L. Saaty 提出的层次分析法（analytic hierarchy process，AHP）在项目综合评价中得到了广泛的应用，中国学者蔡文于 80 年代创建的物元分析法也是后来较为广泛应用的评价方法之一，常与层次分析法结合使用对多目标决策进行综合评价。

6.1.2 绩效评价理论的概念及特征

项目绩效评价是从项目实施者对项目的要求和关心的目标出发，结合投资人、政府部门和社会公众等的利益，综合考虑项目的经济、社会、环境和技术方面的执行状况，围绕项目的核心价值，对项目实际进展所做的全面和客观的评价。其实质就是分析和评价实施一项活动的有效性，以及基于预期目标的有效性。同项目评价相比，绩效评价更加注重两方面内容。

其一，重视评价内容的科学与完整。在评价时不仅重视技术经济方面评价，还充分考虑项目管理以及项目建设对于社会、环境、资源的协调可持续性发展所带来的影响；评价过程涵盖项目全生命周期，对于项目实施各个阶段连续进行评价，这样有利于不同阶段评价信息相互衔接与支撑，使评价结果更为科学与完整。

其二，重视全过程的动态评价。在传统项目评价的基础上对项目全过程进行定期、不定期的追踪评价，尤其针对决策阶段与建设阶段的事前、事中评价和事后总评价，并对评价结果及时反馈和调整，从而达到绩效评价对于项目建设的监督管理作用。

6.1.3 PPP 项目绩效评价要求

对于 PPP 模式下基础设施建设项目的绩效评价而言，评价流程更加注重投入是否满足经济需要，过程是否合乎规范，项目运营流程及结果是否满足同环境、资源的协调可持续发展；评价结果更加重视私人部门的合理收益是否实现，公众的需求是否满足，社会基础设施建设的发展要求是否达标。

绩效评价是检验 PPP 项目是否达到产出要求、保障项目运营效果的重要手段，是全生命周期绩效评价的一个重要阶段。PPP 项目绩效考核是政府实施机构对项目公司建设运营能力及项目效果的检验，是 PPP 项目重要管控手段之一，合理有效的绩效考核是 PPP 项目可持续发展的重要保障。同时，在政府购买服务为 PPP 项目主要支付模式的大背景下，更加需要制定以绩效为导向的政府付费机制，强调项目在运营期内任意时间点（段）的可用性，而非特定项目周期内的某个时间点（如竣工时）的可用性，按效付费。

本章通过建立 A 区水环境治理 PPP 项目绩效评价指标体系，引入 AHP+模糊综合评价法来评价 A 区水环境治理 PPP 项目建设阶段绩效。

6.2 绩效评价（建设阶段）的评价主体

A 区水环境治理 PPP 项目建设阶段绩效评价是 PPP 项目的系统评价，是对项目整体的客观评价。在实际工程中由于专业和精力所限，实施机构不能随着项目的深入展开对社会资本方进行动态跟踪评价，为提高绩效评价的高效及公平性，发挥市场优势，引入第三方评价机构成为 PPP 项目绩效评价的必然趋势。因此评价主体是第三方评价机构，评价对象包括政府方代表和社会资本方。

6.3 绩效评价（建设阶段）指标体系的构建

6.3.1 指标体系构建的原则

一是系统性，所选指标能比较全面、整体地反映绩效；二是差异性，区别传统，突出地区及项目差异；三是前瞻性，体现发展动态与方向；四是可行性。

6.3.2 指标筛选及体系构建

在指标划分的维度方面，无论是利用传统的平衡记分卡法、逻辑框架法还是按阶段划分，其实都是对项目目标、过程、结果中重要影响因素进行选取。参考项目评估定级工具（PART，美国联邦政府为推进绩效预算改革而评价政府项目绩效的工具），基于项目全生命周期绩效评价理论，将 A 区 PPP 项目建设阶段绩效评价指标类型分为项目投入、项目过程、项目产出和预期效果 4 个维度（图 6-1）。

在指标设计上，把由 A 区水环境治理 PPP 项目引起的范围广、影响大、不可逆的影响纳入指标体系，同时也考虑到指标的可评价性。

参考相关政策法规，结合项目实际特点，结合 SMART（specific measurable attainable relevant time-bound）原则，确定 A 区水环境治理 PPP 项目建设阶段绩效评价指标体系一级指标 4 个，二级指标 19 个（表 6-1）。

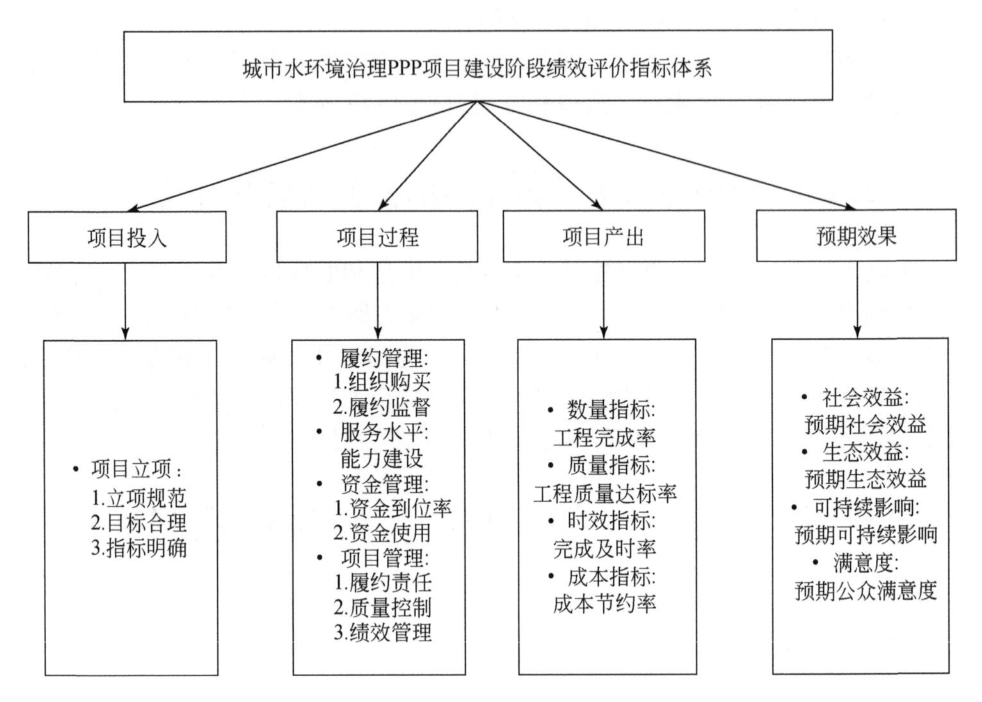

图 6-1　城市水环境治理 PPP 项目建设阶段绩效评价指标体系

表 6-1　A 区水环境治理 PPP 项目建设阶段绩效评价指标体系

目标层	准则层	指标层
城市水环境治理 PPP 项目 A	项目投入 B_1	立项规范 C_1
		目标合理 C_2
		指标明确 C_3
	项目过程 B_2	组织购买 C_4
		履约监督 C_5
		能力建设 C_6
		资金到位率 C_7
		资金使用 C_8
		履约责任 C_9
		质量控制 C_{10}
		绩效管理 C_{11}

续表

目标层	准则层	指标层
城市水环境治理PPP项目 A	项目产出 B_3	工程完成率 C_{12}
		工程质量达标率 C_{13}
		完成及时率 C_{14}
		成本节约率 C_{15}
	预期效果 B_4	预期社会效益 C_{16}
		预期生态效益 C_{17}
		预期可持续影响 C_{18}
		预期公众满意度 C_{19}

1. 项目投入

PPP项目投入主要在项目的识别、准备阶段完成。项目投入是指为保证项目的顺利进行而投入的资源和准备工作，是项目开展的前提条件和物质保障。项目投入主要包括人力、资金和合同文件等准备工作，主要包括立项规范、目标合理和指标明确3个指标。

1）立项规范：在PPP识别阶段，项目立项手续是否齐全，是否提供了完整的可行性研究报告为物有所值及财政提供基础数据；不具备条件完成可行性研究报告且办理立项手续的项目，是否编制了项目建议书以及取得发展和改革委员会对项目建议书的批复意见。

2）目标合理：PPP项目建设初期建设中是否识别各种可能影响工程质量的风险因素，对这类因素进行仔细研究与评价。

3）指标明确：依据绩效目标设定的绩效指标是否清晰、细化、可衡量。

2. 项目过程

在项目建设和项目运营阶段，对项目建设和项目运营过程中的管理工作与效果进行评价，主要包括组织购买、履约监督、能力建设、资金到位率、资金使用、履约责任、质量控制和绩效管理8个指标。

1）组织购买：PPP采购过程中是否引入了市场竞争机制，并严格履行PPP项目相关法律和政策的要求。

2）履约监督：政府是否调查社会资本方的信用情况和监督社会资本方的履约情况，是否将项目公司运营情况纳入年度报告、评估、执法等监管体系。

3）能力建设：项目公司的资质及业绩证明、设施及人员配备、专业技术和相关管理制度是否完备。

4）资金到位率：政府、社会资本方、银行之间的资金流转是否出现困难，是否有拖欠工程款的情况出现。

5）资金使用：资金使用是否符合相关的财务管理制度的规定，为保障资金的安全、规范运行是否采取了必要的监控措施，是否及时公开资金的使用情况。

6）履约责任：是否严格执行项目管理制度，工程是否出现过分包或转包的现象，是否建立项目台账记录相关文件、工作计划方案、项目批复、进展和工作汇报总结、重大活动和其他有关资料信息。

7）质量控制：是否制定或具有相应的项目质量要求或标准，采取了相应的项目质量检查、验收等必需的控制措施。

8）绩效管理：绩效指标填报是否准确和完整，是否在规定时间内报送绩效目标和配合相关部门机构对项目进展情况进行监督检查及绩效评价。

3. 项目产出

根据项目进展对已完工和未完工项目从总体质量与数量方面进行评价，主要包括工程完成率、工程质量达标率、完成及时率和成本节约率 4 个指标。

1）工程完成率：已完工项目数量占未完工项目数量的程度。

2）工程质量达标率：质量达标项目占已完工项目数量的程度。

3）完成及时率：在规定时间内完工的项目数量占总项目数量的程度。

4）成本节约率：项目建设是否存在资金剩余，若存在，节约的资金占总投资的份额程度。

4. 预期效果

在项目建设期内对项目总体完工后的预期效果和效益进行预测与评价，主要包括预期社会效益、预期生态效益、预期可持续影响和预期公众满意度 4 个指标。

1）预期社会效益：预估项目完工后的产出效果和社会的受益程度。

2）预期生态效益：预估项目完工后的产出效果和生态系统的受益程度。

3）预期可持续影响：预估项目完工后对经济和资源环境的持续影响程度。

4）预期公众满意度：当地人民群众对项目完工后的效果的满意程度。

6.4 评价方法

对于城市水环境治理工程，传统财政评价结果从项目投入、资金使用等角度片面化进行绩效评价，不能完全体现项目总体绩效情况；PPP 项目若运用政府单方向绩效考核，绩效评价结果受人为因素影响，存在对社会资本方不利的情况；在进行城市水环境治理 PPP 项目绩效评价时，共有 26 个子项目，项目较多，每个子项目进展情况不同，给项目整体上绩效评价结果的生成增加难度，需要合理且统一标准的绩效评价方法进行评价。

采用 AHP+模糊综合评价法自上而下对 26 个子项目依次进行评价，应用 AHP 对指标的优劣程度进行评定，应用模糊综合评价法对无法定量估算的模糊性指标确定评价等级，从统一评价体系到专家评语打分，无论是从政府角度还是从社会资本方角度出发，保证了第三方绩效评价的中立特征，评价结果能够客观反映项目效果；单项水环境治理项目的绩效评价结果代表性较弱，评价最终得分无可参考案例标准，绩效评价破除单项水环境治理项目评价指标强加于单个项目的突兀，形成每个子项目之间评价得分相互对比，多层对比环环相扣，确保城市水环境治理 PPP 绩效评价结果趋于准确。

AHP 也称为多层次权重分析决策法（analysis of hierarchy process），该方法按照目标、准则、方案等层次把与决策有关的元素分解，然后进行定性和定量分析。

针对 AHP 中的专家对九标度进行评分时难以掌握标度标准，以至于判断矩阵不满足一致性检验的问题，现提出采用（0，1，2）三标度法，三标度法是对传统的 AHP 的一种改进，使判断矩阵简化，减少九标度法构建判断矩阵时权重选择的模糊性，提高专家对各目标差异的辨别，从而提高目标权重设定的准确性，对于多个子项目绩效评价，可以避免评定等级过多而导致评价程序繁琐，降低出错率。

三标度法构造两两比较矩阵。决策者通过两两比较各元素的重要性关系后，即确定谁重要、谁不重要或者两者同样重要，比较的结果可以用 0、1、2 三种数值标度来表示，可得出如下的比较矩阵：

$$c=\begin{bmatrix} c_{11} & c_{12} & \cdots & c_{1n} \\ c_{21} & c_{22} & \cdots & c_{2n} \\ \vdots & \vdots & \ddots & \cdots \\ c_{n1} & c_{n2} & \cdots & c_{nn} \end{bmatrix} \tag{6-1}$$

其中：

$$c_{ij}=\begin{cases}2 & \text{第}\ i\ \text{元素比第}\ j\ \text{元素重要}\\1 & \text{第}\ i\ \text{元素和第}\ j\ \text{元素同样重要}\\0 & \text{第}\ i\ \text{元素没有第}\ j\ \text{元素重要}\end{cases}\quad (i,j=1,2,\cdots,n) \tag{6-2}$$

且有$c_{ii}=1$（$i=1$，2，…，n），即元素的自身比较结果为 1。

若用 $r_{\max}$表示最大的排序指数，$r_{\min}$表示最小的排序指数，$A_{\max}$表示排序指数最大的元素，$A_{\min}$表示排序指数最小的元素，则选取这两个元素作为基点比较元素，经决策者比较，用某种标度给出这个基点的相对重要性程度 b_m，通过以下交换式求得各元素间的相对重要性程度，用 b_{ij}来构成间接的判断矩阵求出各指标的权重。

$$b_{ij}=\begin{cases}\dfrac{r_i-r_j}{r_{\max}-r_{\min}}(b_m-1)+1 & r_i-r_j\geqslant 0\\ \dfrac{1}{\left[\dfrac{r_j-r_i}{r_{\max}-r_{\min}}(b_m-1)+1\right]} & r_i-r_j<0\end{cases}\quad (i,j=1,2,\cdots,n) \tag{6-3}$$

模糊综合评价法是众多综合评价方法中最基本的方法之一，其基本思想是采用模糊数学的思想将不确定的安全信息定量化，从而实现多因素的定量评价，模糊绩效评价是通过多位专家凭借经验及对项目的实际情况确定的。

单因素模糊评价。专家根据实际情况对因素进行模糊评价，通过模糊评语集可得单因素评价矩阵：

$$R=\begin{bmatrix}r_{11} & r_{12} & \cdots & r_{1m}\\ r_{21} & r_{22} & \cdots & r_{2m}\\ \vdots & \vdots & \ddots & \vdots\\ r_{n1} & r_{n2} & \cdots & r_{nm}\end{bmatrix}\quad (0\leqslant r_{ij}\leqslant 1) \tag{6-4}$$

一级模糊变换：

$$D_i=W_iR_i(i=1,2,\cdots,n) \tag{6-5}$$

二级模糊变换：

$$D=\begin{Bmatrix}D_1\\ D_2\\ \vdots\\ D_n\end{Bmatrix}E=WD \tag{6-6}$$

对 E 进行归一化处理得 E'，$E'=$（E_1，E_2，…，E_5），最终得分为

$$F=E_1v_1+E_2v_2+E_3v_3+E_4v_4+E_5v_5 \tag{6-7}$$

具体评价方法应用流程如图 6-2 所示。

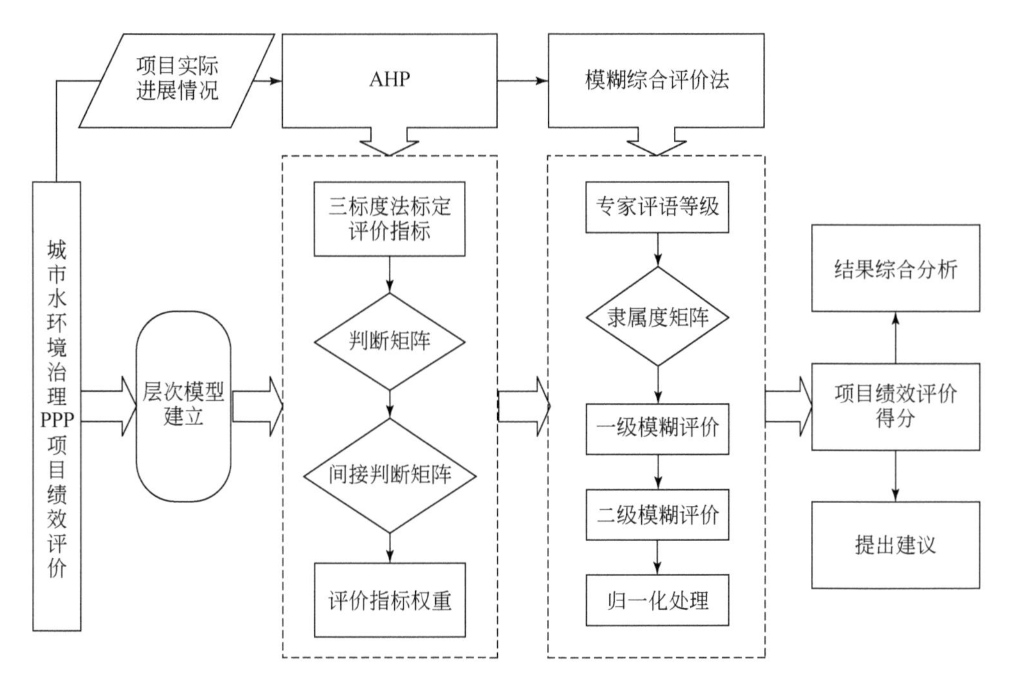

图 6-2　城市水环境治理 PPP 项目绩效评价方法应用流程

第7章 区域水环境治理PPP项目实践

7.1 区域水环境治理PPP项目背景

7.1.1 建设背景

A区位于北京东南部，京杭大运河北端，地处永定河、潮白河洪冲积平原，地势平坦，平均海拔20m。A区河流共计26条（段），其中跨地区河流16条，河流总长度271.87km。其中1级河流3条，2级河流9条，3级河流7条，4级河流7条。全区划分为潮白河流域、北运河流域、凉水河流域3个流域。

2015年4月30日，中共中央政治局审议通过了《京津冀协同发展规划纲要》。根据中共北京市委十一届八次全会决定，到2017年，市属行政事业单位整体或部分迁入北京市行政副中心，远期将带动约40万人疏解至A区，对全面提升A区的水生态环境质量、供水保障能力和防洪排涝标准提出了更高要求。

为加快推进A区水务发展，有力支撑北京城市副中心建设，北京市人民政府明确要加快推进污水治理工作，加大河道水系连通与生态修复力度，增强供水保障能力，构建高标准的防洪排涝体系，共安排70个建设项目。其中，部分项目纳入PPP实施方案。

7.1.2 建设主要内容

针对水务工程特点，依托河流水系及乡镇行政边界等基础条件，将按照A区纳入PPP实施方案的水务建设项目划分为“两带、六片区”。其中，“两带”为北运河生态带、潮白河生态带，“六片区”为CB、LH、HX、TM、HN、YY片区。A区政府授权A区水务局作为“六片区”PPP项目的实施机构，项目总投资143.9亿元。

本研究中A区水环境治理PPP项目主要指A区负责组织实施的“六片区”水环境治理工程，涉及黑臭水体治理、农村生活污水治理、水网建设、再生水厂建设、副中心雨污水管网、骨干河道、海绵城市、蓄滞洪区八大类26个子项，总投资143.9亿元，其中北京市政府投资88.3亿元，引入社会资本金55.6亿元，项目建设内容及投资额详见表7-1。

表7-1　A区水环境治理工程建设内容及投资额

片区名称	序号	项目名称	建设内容	投资额
CB	1	农村生活污水治理工程	第一批解决1个村庄污水收集处理问题、铺设污水管线0.96km，新建污水处理站2座	30.7亿元
	2	城北水网工程	近期建设内容包括河道治理13.9km、建设蓄涝区3处、建构筑物工程、生态景观工程、监测监控工程等	
	3	减河北再生水厂	总规模13.5万m^3/d，其中污水处理规模7万m^3/d，初期雨水处理规模6.5万m^3/d，建设内容包括污水处理厂、污水管线、输水泵站及管线建设	
	4	副中心雨污合流改造工程	对陈列馆路、潞苑东路雨污合流管线进行改造，改造长度2.5km（第一批）、新建污水管线2.5km（第一批）	
LH	5	黑臭水体治理工程	治理黑臭水体2条段，黑臭段长度6.46km、清淤长度8.13km，铺设截污管线2.11km	52.5亿元
	6	农村生活污水治理工程	第一批解决31个村庄污水收集处理问题，其中潞城镇16个村，西集镇15个。潞城镇新建污水管线共13.082km，共10座厂站。西集镇新建污水管线共8.089km，共16座厂站	
	7	两河水网工程	整治河道沟渠21条，总长度约97.2km，建设内容包括河道整治工程、建筑物改造、新建巡河路、排涝泵站、水系连通、水生态系统构建、滨水生态景观建设及自动化监测工程等	
	8	海绵城市试点PPP项目工程	海绵PPP项目共有31项子项目，包括：①海绵建筑与小区类22项；②海绵公建类6项；③海绵道路类3项	

续表

片区名称	序号	项目名称	建设内容	投资额
HX	9	农村生活污水治理工程	解决1个村庄污水收集处理问题（第一批）、铺设污水管线73.4m，新建污水处理站1座，厂站总规模100m³/d	24.0亿元
	10	副中心雨污合流改造工程	对永顺北街、日新路、群芳中一街等13条路下雨污合流管线进行改造，改造长度10.48km（第一批）、新建雨水管线7.92km，新建污水管线7.7km（第一批）	
	11	萧太后河景观提升及生态修复工程（东六环—凉水河）	东六环—凉水河段景观提升及生态修复长度2.56km，建设内容包括河道治理工程、建筑物工程、水质保障工程、景观提升工程、自动化控制工程等	
	12	玉带河综合治理工程（二期）（含桥梁）	河道治理长度3.66km，建设内容包括防洪排涝工程、水质改善工程、景观提升工程、监测监控工程等	
	13	通惠河（A段）水环境综合治理二期工程	八里桥—通惠桥段河道治理长度3.19km，建设内容包括河道治理（清淤、扩挖、主河槽挡墙、护岸、筑堤）；污水截流井改造及现状雨水口改造工程；景观绿化工程等	
	14	凉水河蓄滞洪区工程	在凉水河萧太后入河口下游及小沿河路与凉水河下游共新建两处蓄洪区，占地49hm²，建设内容包括防洪排涝、水工构筑物、水质改善、景观提升工程建设	
TM	15	黑臭水体治理工程	治理黑臭水体3条，黑臭段总长度5.33km、清淤长度10.52km，铺设截污管线6.37km，新建污水处理站1座，总体设计规模100m³/d；凤港减河左岸一支沟、西周路边沟、四支沟排污口及凉水河北门口泵站截污	15.1亿元
	16	农村生活污水治理工程	第一批解决14个村庄污水收集处理问题、铺设污水管线17.684km，新建污水处理站3座（第一批），厂站总规模400m³/d	
	17	城南水网工程	台马片区水网工程涉及台湖镇和马驹桥镇，共15条河道，总长度约59.57km，其中台湖镇5条河道，总长度19.53km，马驹桥镇10条河道，总长40.04km。建设内容包括河道疏挖整治工程、建（构）筑物工程、水系连通工程、生态修复工程、景观绿化工程、新建巡河路工程、信息化管理控制系统等	

续表

片区名称	序号	项目名称	建设内容	投资额
TM	18	萧太后河景观提升工程	通马路桥—京哈高速段治理长度 2.9km，建设内容包括生态修复工程、水质改善工程、景观提升工程等	15.1 亿元
	19	凤港减河滞洪区湿地工程	占地 $33hm^2$，滞洪量 88 万 m^3，建设内容包括开挖蓄滞洪区 $33hm^2$，新建围堤、分洪渠、连通渠等配套工程	
HN	20	黑臭水体治理工程	治理黑臭水体 15 条段，黑臭段长度 49.19km、清淤长度 72.32km，清淤土方 21.8 万 m^3，铺设截污管线 80.645km	11.6 亿元
	21	农村生活污水治理工程	第一批解决 36 个村庄污水收集处理问题及张采路东边沟治理工程。铺设污水管线 34.334km，新建污水处理站 5 座（第一批），厂站总规模 $8800m^3/d$	
	22	城南水网工程	整治河道（沟渠）共计 21 条，总长度约 114km，建设内容包括河道整治工程、建（构）筑物工程、巡河路工程、水系连通工程、排涝泵站工程、生态修复工程、景观提升工程、信息化运维管理一体化系统建设、桥梁改造工程等	
	23	港沟河治理工程	分上下两段，治理总长度 13.34km，建设内容包括河道整治工程、建构筑物工程、排涝泵站工程、生态修复工程、景观提升工程、信息化运维管理一体化系统建设、桥梁工程等	
YY	24	黑臭水体治理工程	治理黑臭水体 10 条段，黑臭段长度 43.139km，新建截污管线 36.794km、河道清淤 43.139km，铺设截污管线 36.794km，新建污水处理站 5 座，总体设计规模 $860m^3/d$	10.0 亿元
	25	农村生活污水治理工程	第一批解决 12 个村庄污水收集处理问题、铺设污水管线 13.02km，新建污水处理站 3 座，厂站总规模 $60m^3/d$	
	26	城南水网工程	疏挖整治河道沟渠 28 条，长度 186.7km，建设内容包括河道整治工程、建（构）筑物工程、水系连通工程、河道生态修复及景观工程、巡河路工程、信息化运维管理一体化系统建设、桥梁改造工程、村边路边沟工程等	

7.1.3 项目功能与定位

1. 北京城市副中心建设的需要

2015 年 11 月 25 日，北京市委十一届八次全会决定，北京市各市属行政事业单位，将在 2017 年整体或部分迁入北京城市副中心。这一战略将带动大量人口、产业向 A 区集聚，对水资源供应、污水处理、生态承载力提出新的需求和要求，项目实施利于提高 A 区水资源供应，提升城市污水处理水平和优化水生态环境，引领北京市建成水资源配置更加科学，水资源利用更加充分，河湖连通更加顺畅，水环境更加优美的水网体系。

2. 营造优质水环境的要素

A 区上游来水差，16 条入境河道水质均为劣Ⅴ类；区内每年仍有 3000 多万立方米污水直排入河，全区污水处理率仅 65%（新城 90%、乡镇 26%）。区内污水处理厂站、管网不完善。农业面源污染也未得到有效控制。区内北运河、运潮减河、通惠河等河道虽水量较为丰沛，但因水质原因无法充分利用。项目含污水治理及再生水利用类子项目 7 个，水系连通与水生态环境类子项目 9 个，将有力改善水环境，提高水资源利用效率。

3. 完善防洪排涝体系的要求

A 区上游流域防洪排涝体系尚需提升，上游规划建设的 2 座水库和 56 处蓄滞洪区尚未建成。区域内骨干河道尚有 87km 堤防不达标，120km 中小河道未达标治理，宋庄、凤港减河等 7 处蓄滞洪区未建成，仍存在防洪风险。区域内地势低洼地区排水不畅，暴雨洪水时，部分城区、农田村庄积水受淹情况时有发生。

4. 京津冀协同发展的必要条件

为深入贯彻落实《京津冀协同发展规划纲要》和《中共北京市委北京市人民政府关于贯彻〈京津冀协同发展规划纲要〉的意见》，北京市水务局与 A 区水务局组织项目团队，深入研究，结合北京市城市副中心规划调整，针对 A 区现状水文地质、水资源、水环境特点，编制了 A 区水务三年行动计划及项目列表（以下简称水务三年行动计划），项目中 2016 ~ 2017 年实施的子项目为水务三年行动计划项目库中的主要部分，项目实施是落实水务三年行动计划及京津冀协同发展的需要。

7.1.4 项目特点

1. 建设标准高

项目位于北京市城市副中心——A 区内，为加快城市副中心建设，明确到 2017 年前，行政办公区、文化旅游区、运河商务区等重点区域水环境和防洪排涝安全得到重点保障；2020 年，A 区水环境得以全面改善，防洪排涝安全。其中，在水环境质量改善方面，2017 年区内北运河、凉水河城区段及萧太后河、运潮减河、丰字沟、减运沟等重点河道全面还清，水质主要指标达到地表水Ⅳ类标准，重点水域力争达到地表水Ⅲ类标准；2020 年全区河道基本还清，水质基本达到地表水Ⅳ类标准。在防洪排涝安全保障方面，2017 年城市副中心标准内洪水防洪安全，标准内降雨无积水；2020 年城乡防洪排涝安全得到有效保障，基本建成海绵城市和水生态文明示范城市。

2. 公益性项目属性

工程共涉及黑臭水体治理、农村生活污水治理、水网建设、再生水厂建设、副中心雨污水管网、骨干河道、海绵城市、蓄滞洪区八大类 29 个子项，以改善 A 区重点区域水环境和保障防洪排涝安全为主要目标，工程属公益性项目。

3. 融资压力大

项目静态总投资约为 143.9 亿元，项目建设周期最长为 3 年，平均每年静态总投资额为 48 亿元，占 A 区 2015 年一般公共预算支出的 43.6%，且项目位于北京市 A 区，为地方性项目，A 区政府配套项目资金压力大。

7.2 区域水环境治理 PPP 项目实施情况

7.2.1 项目识别论证

1. 项目实施方案

A 区水环境治理 PPP 项目由 A 区政府发起。为保障项目顺利实施，制定实施方案主要内容如下。

（1）项目概况

A 区水环境治理 PPP 项目主要指 A 区负责组织实施的“六片区”水环境治理工程，共涉及黑臭水体治理、农村生活污水治理、水网建设、再生水厂建设、副中心雨污水管网、骨干河道、海绵城市、蓄滞洪区八大类 26 个子项，总投资 143. 9 亿元，其中北京市政府投资 88. 3 亿元，引入社会资本金 55. 6 亿元。

（2）项目实施机构

A 区水环境治理 PPP 项目属公益性项目，PPP 模式为“项目投资、建设和运行一体化+政府购买服务”模式，即项目公司负责设计、投资、建设、运营维护、更新改造和移交，在服务期内政府通过购买服务的方式向项目公司支付服务费，服务期满项目公司将项目设施完好、无偿移交给政府指定机构。

A 区水务局负责组织实施方案的编制、招商、PPP 项目合同的谈判、签订以及项目全过程监管。经竞争性磋商选定的社会资本方与政府指定的国有企业大运河公司合资成立项目公司，由项目公司负责项目设计、投资、建设、运营维护、更新改造。

项目的合作期限为 25 年，其中建设期 2 年，运营维护期 23 年，合作期满后项目设施无偿移交给政府。项目设施所有权归 A 区水务局所有，项目公司拥有特许经营期限内项目设施的使用权和收益权（图 7-1）。

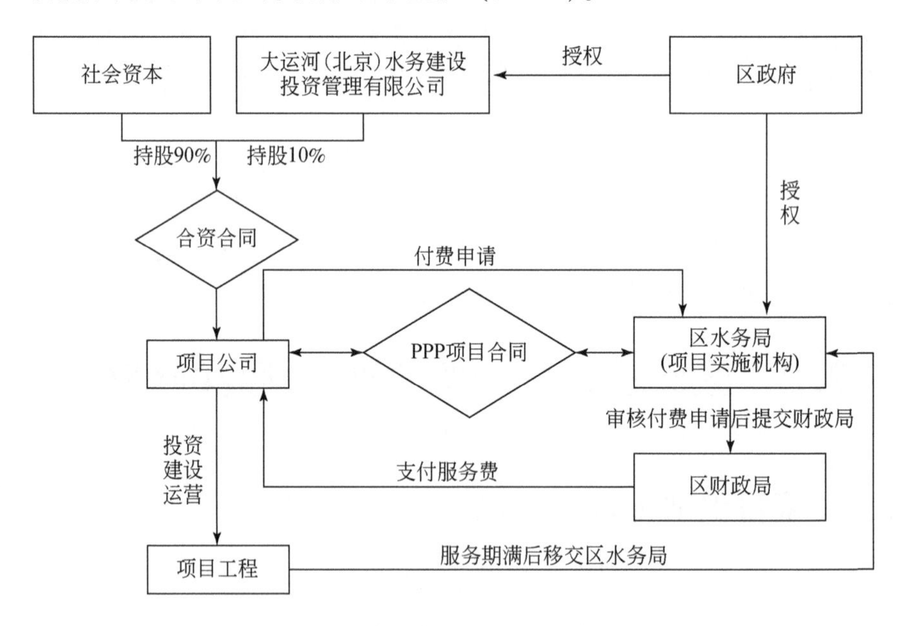

图 7-1　A 区水环境治理 PPP 项目模式示意

（3）项目回报机制

A 区水环境治理工程主要包括防洪排涝、水系联通、河道综合治理、农村截污治污、黑臭水体治理等项目类型，以提升 A 区的水生态环境质量、供水保障能力和防洪排涝标准为主要目标，无明确的经营性收入来源，属公益性项目，项目回报机制为政府付费，由可用性付费和绩效付费两部分组成。

可用性付费。可用性付费指项目实施机构向项目公司购买 PPP 项目的可用性而支付的费用，可用性付费的初始值以中标结果为准。对于以社会主体投资为主项目，核算依据为核准的社会资本投入规模，并根据社会资本中标结果约定的投资收益率下浮比例等调整确定；对于以政府投资为主的项目，核算依据为批复的项目总投资规模，并根据社会资本中标结果约定的总投资下浮比例、投资收益率下浮比例等调整确定。

绩效付费。绩效付费是指项目实施机构向项目公司购买为维持 PPP 项目的可用性所需的运营维护服务（即符合绩效要求的公共服务），按照绩效付费基数和项目实际运营维护绩效考核结果进行支付。核算依据为经审核认定的运营成本，并根据社会资本中标结果约定的下浮比例、项目实际运营维护绩效考核结果调整确定。

$$\text{绩效付费} = C \times K \tag{7-1}$$

式中，C 为绩效付费基数；K 为运营期年度绩效考核系数。

对于未来项目区域内土地资源、旅游资源等的开发经营和收益，实施方案暂不考虑，待项目建成后，由政府方与社会资本另行协商。

（4）项目风险分配

项目核心风险的分配框架和分配机制如下：方案设计、投资控制、融资、建设、运营维护等产生的商业风险由项目公司承担。由于征地拆迁、居民过渡安置等产生的社会稳定风险主要由政府方承担。行政审批风险、不可抗力风险等由政府和项目公司合理共担。对于政策和法律风险，分为两类，一是政府方可控的法律和政策变更引起的损失与成本增加，由政府方承担；二是超出政府方可控范围的法律变更及政策变化风险（如由国家或上级政府统一颁行的法律法规和政策等风险），由双方共同承担。

2. 物有所值评价

（1）定性评价

项目采用 PPP 模式与采用政府传统投资运营方模式相比，有助于提高全生命周期的整合程度、优化风险分配、提高运营效率、促进创新和公平竞争等方面更有优势。

定性评价分析采用专家评分法，确定基本指标及其权重。基本指标分别是全生命周期整合程度、风险识别与分配、绩效导向与鼓励创新、潜在竞争程度、政府机构能力、融资可获得性，六个基本指标的合计权重为 80%。根据项目特点，另选取项目规模、项目资产种类、行业示范性三个指标作为附加指标，权重分别取 10%、5%和 5%，合计权重为 20%。每项指标评分分为 5 个等级，即有利、较有利、一般、较不利、不利，对应分值分别为 81～100 分、61～80 分、41～60 分、21～40 分、0～20 分。专家在充分讨论后按评价指标逐项打分，按照指标权重计算加权平均分，得分为 88.47 分，高于 60 分，通过定性，可进行财政承受能力论证。

（2）定量评价

经测算，折现率采用通用融资成本 4.9%，PSC 值为 200.5 亿元，其中建设投资现值为 134.0 亿元，运营成本现值为 26.3 亿元，风险承担成本现值为 32.1 亿元，竞争性中立调整现值为 8.1 亿元。

项目政府支出责任主要为股权投资支出、运营补贴支出和风险承担支出。经测算，在项目全生命周期内政府共需支出 233.4 亿元，其中股权投资支出为 88.3 亿元，政府运营补贴支出为 139.3 亿元，风险承担支出为 5.8 亿元。考虑到在全生命周期内发生的具体时间，采用 4.9% 的折现率，政府累计支出现值为162.0 亿元。

（3）结论

综上所述，根据传统模式、PPP 模式下运营成本、绩效等产出等同的前提下，测算出的 PSC 值略比 PPP 折现值大，按照物有所值定量评价要求，当物有所值评价量值为正时，说明项目通过物有所值定量评价。

3. 财务承受力评估

（1）支出能力评估

A 区 2015 年一般公共预算支出约 110 亿元，按照 5% 的增长率对未来年度 A 区一般公共预算支出进行预测，至 2040 年 A 区一般公共预算支出约372.5 亿元。

除这个项目外，A 区承担财政支持责任的 PPP 项目还有碧水污水处理厂和张家湾再生水厂。综合 A 区承担的所有 PPP 项目，区政府 2016 年承担的财政支出责任为 2.82 亿元，2017 年承担的财政支出责任为 4.01 亿元，2018～2040 年财政支出责任每年约为 7.97 亿元。

根据 A 区承担的所有 PPP 项目财政支出责任及 A 区一般公共预算支出，政府年度补贴支出占一般公共预算支出的 2.1%～6.3%，均低于 10%，满足《政府和社会资本合作项目财政承受能力论证指引》要求。

（2）行业和领域平衡性评估

目前 A 区承担财政支出责任的 PPP 项目均为水务项目，暂无其他领域已实施的 PPP 项目和相应财政支出责任，年度财政支出责任占一般公共预算支出的最高比例低于 10%，且随着一般公共预算支出的增加逐年降低。鉴于此项目范围覆盖全区，后续年份该类型项目建设的可能性较小，因此此项目通过行业领域平衡性评估。鉴于 A 区财政压力很大，建议市财政给予适当支持。A 区后续实施 PPP 项目，建议向其他行业和领域倾斜，以平衡不同行业和领域 PPP 项目，防止某一行业和领域 PPP 项目过于集中。

（3）结论

项目通过财政支出能力评估和行业领域均衡性评估。因此，项目财政承受能力通过论证，项目适宜采用 PPP 模式。

7.2.2 项目采购

A 区政府授权 A 区水务局作为 PPP 项目的实施机构。实施机构负责实施方案的编制、招商、PPP 项目合同的谈判和签订以及项目全过程监管。

A 区水务局以片区为单元设置 6 个项目包，采用竞争性磋商方式以项目包为单位分别确定实施主体，磋商报价内容包括：①与可行性付费相关的经济指标，如社会资本全投资（不含政府投资）内部收益率、投资的下浮比例等；②绩效付费的下浮比例。

PPP 项目的采购过程自 2016 年 5 月 27 日开始，2017 年 3 月 17 日签署项目合同。具体实施过程见表 7-2。

表 7-2　PPP 项目采购过程

时间	工作内容
2016 年 5 月 27 日	发布“两带”“六片区”PPP 竞争性磋商采购公告
2016 年 5 月 27 日 ~6 月 2 日	社会资本报名及领取资审文件
2016 年 7 月 8 日	北京市政府对完善后的实施方案进行了批复
2016 年 7 月 27 ~29 日	对资格预审申请文件评审
2016 年 8 月 2 日	发出资格预审结果通知书
2016 年 8 月 15 ~19 日	发出“六片区”PPP 项目的竞争性磋商文件
2016 年 8 月 29 日 ~9 月 2 日	社会资本提交响应文件、评审小组与社会资本进行磋商、对竞争性磋商文件评审

续表

时间	工作内容
2016 年 9 月 6 日	发出磋商结果通知
2016 年 9 月 12 日	谈判小组与预成交社会资本进行采购结果确认谈判，并签署谈判备忘录
2016 年 9 月 13 ~ 21 日	预成交结果公示
2016 年 9 月 22 日	发出成交通知书
2016 年 10 月 22 日	区水务局与成交社会资本草签经区政府审核同意的 PPP 项目合同
2016 年 12 月 9 日	成交社会资本在 A 区依法设立项目公司
2017 年 3 月 17 日	区水务局与项目公司正式签署 PPP 项目合同

招商选定的社会资本独资或与政府指定的国有企业合资成立项目公司，由项目公司负责项目的投资、建设管理、运营维护，合作期满后项目设施无偿移交给政府。“六片区” PPP 项目实施主体如表 7-3 所示。其中 SPV 公司的股权比例为大运河公司（代表政府方）占比 10%，社会资本联合体（代表社会资本方）占比 90%。

表 7-3　“六片区”成交金额

序号	片区	总投资	建设期资金来源		
			市发展和改革委员会	财政	项目公司
1	CB	30.72	18.51	1.58	10.63
2	LH	52.5	26.76	1.7	24.04
3	HX	24.01	18.23	1.46	4.32
4	TM	15.1	7.33	1.7	6.07
5	HN	11.7	3.93	1.7	6.07
6	YY	10.0	3.83	1.7	4.47
合计		144.03	78.59	9.84	55.6

7.2.3 项目执行

1. 项目公司的组建

由中标单位与大运河（北京）水务建设投资管理有限公司（代表政府方）

共同组建工程建设项目法人。

A区水务局权利：建设期和运营期各项监管的权利，运营期结束无偿取得项目设施的权利，提前终止协议的权利等。

A区水务局义务：协调各方关系和协助办理各类手续，协助保持项目公司提供此项目下各类服务的权利的持续有效，支持服务费，调整服务费，提前终止相关义务。

项目公司权利：投资、建设、运营维护和更新改造项目设施，提供运营服务并收取服务费。

项目公司义务：负责完成各项审批和手续的办理并承担费用，按时到位资金，按照约定的建设进度和建设标准完成建设，按照约定标准进行运营维护，按时汇报并接受政府、公众的监督。同时确保在此项目PPP项目合同生效之日起至开始正式运营日之后的5年之内，不得转让其在项目公司中的全部或部分股权。

2. 项目的实施路径

对于以政府投资为主的项目（投资比例超过50%），由A区组织完善项目可行性研究报告；完成立项批复后，由社会资本按照批复的估算投资限额设计。对于以社会主体投资为主的项目（投资比例超过50%），由社会主体组织完善项目申请报告，由A区组织对项目进行评估，发改部门根据评估结果核准项目。

3. 项目的进展情况

至2018年6月，推进比较稳定的项目类别是黑臭水体治理、农村生活污水治理、雨污河流改造管线建设，处于在施阶段，即将签署运营服务合同。其他项目还处于等待立项阶段。

7.3 区域水环境治理PPP项目存在的问题

7.3.1 项目前期论证中存在的问题

PPP项目前期论证是通过开展项目前期准备工作，编制PPP项目实施方案，开展物有所值评价及财政可承受能力论证，起草PPP合同草案，方案论证与审批等工作，明确项目的可行性。A区水环境治理PPP项目按照相关文件开展了详细论证，但实施中由于项目前期缺乏科学的可行性研究论证，缺失项目建设必要性、建设规模（范围）、建设方案的系统论证，存在论证不够充分、程序不够规范、付费机制有待优化等问题。

1. 前期论证不够充分

项目前期缺乏科学的可行性研究论证，缺失项目建设必要性、建设规模（范围）、建设方案的系统论证，因而项目（包括各子项目）实施方案中的投资估算，特别是建设投资测算不可能准确，后续的 PPP 实施方案和合同关于投资（造价）控制都成了无水之源、无本之木。

2. 前期程序不够规范

根据《国家发展改革委关于印发<传统基础设施领域实施政府和社会资本合作项目工作导则>的通知》（发改投资〔2016〕2231 号），项目可行性研究报告审批、核准或备案后，实施机构根据经批准的可行性研究报告或相关要求完善和确定 PPP 项目实施方案，但是 A 区水环境治理 PPP 项目是在项目可行性研究报告未获批、项目未经核准或备案的情况下组织实施，不满足程序要求；A 区水环境治理 PPP 项目投资结构为 54.5% ：6.9% ：38.6% （市政府固定资产投资：市财政：社会资本方），该项目以政府投资为主，属于政府投资项目，未按照《国家发展改革关于印发〈传统基础设施领域实施政府和社会资本合作项目工作导则〉的通知》（发改投资〔2016〕2231 号）要求纳入全国 PPP 项目信息监测服务平台。

3. 付费机制有待优化

一是社会资本方收入来源单一。根据《LH 片区 PPP 建设项目黑臭水体治理工程服务合同》，社会资本方在服务期内不得对外投资或从事此项目设计、投资、建设、运营维护和更新改造等特许经营权范围之外的其他经营活动；社会资本方拟利用此项目资产或项目设施开展经营性业务，或从事商业性开发业务，必须事先报经 A 区水务局书面同意，未来收益分享等有关事宜由双方届时协商确定。因此，水环境治理工程实施后形成的项目资产或项目设施、工程管理范围内区域存在的潜在经营性或商业性开发可能性、投资可能性，社会资本方虽然有优先参与权、未来收益分享权，但并未评估作价作为社会资本方的潜在收益来源，在核算社会资本方收入来源时仅考虑 A 区水务局支付的可用性服务费及运营服务费，收入来源单一，强化了社会资本方对可用性服务费和运营服务费的依赖程度，加大了 A 区水务局与社会资本方谈判可用性服务费及运营服务费达成一致意见的难度。

二是社会资本方收益率低。根据此项目的可用性付费机制和社会资本方中标结果约定的社会资本全部投资（不含政府投资）内部收益率和投资的下浮比例（表 7-4），社会资本方全部投资的收益率低于或等于五年期以上贷款基准利率，运营服务费不能弥补运营服务成本，社会资本方收益率小于 0。以 LH 片区黑臭水体治理工程为例，根据《LH 片区 PPP 建设项目黑臭水体治理工程服务合同》，该工程社会资本方投资额为 1282.9 万元，可用性服务费的初始值为77.53 万元，投资收益率为 2.94%（2019 年五年以上贷款基准利率 4.9% 的 60% 倍，暂不考虑五年以上贷款基准利率调整），运营服务费基准金额初始值为96.34 万元/a，运营服务费下浮比例为 30%，运营期为 23 年，以建设期最后一年为基准年，则在绩效考核支付比例为 100%、85%、75%、60% 情境下，社会资本方投资的收益率分别为-1.1%、-3.3%、-5.1%、-8.8%，不满足社会资本方投资收益率要求。

表 7-4　社会资本全投资内部收益率和投资的下浮比例、绩效付费的下浮比例表

序号	片区名称	中标单位	建筑安装工程费下浮率/%	投资收益率倍数	运营服务费下浮率/%
1	LH	北京北控建工两河水环境治理有限公司	10.00	0.6	30
2	HX	北京北控建工河西水环境治理有限公司	10.00	0.07	30
3	CB	北京北控建工城北水环境治理有限公司	10.00	0.5	30
4	TM	北京碧通台马水环境治理有限公司	5.00	0.51	10
5	YY	北京葛洲坝正和于永水环境治理有限公司	10.00	1	25
6	HN	北京中电建博天潮牛水环境治理有限公司	10.00	1	30

三是社会资本方投资盈利需求与政府方对水环境治理项目以成本为中心审批（审核）概预算和工程运行维护管理费用的习惯做法之间存在冲突，工程前期工作推进较困难。在 A 区水务局支付的可用性服务费及运营服务费为社会资本方获取收益唯一来源，A 区水务局按社会资本全投资内部收益率和投资的下浮比例、绩效付费的下浮比例付费前提下，社会资本方收入大小的主要影响因素为建设工程量及单价、运营维护工作量及单价。为了保证获取合理利润，社会资本方存在提高项目设计、建设和运营维护标准，在实际建设工程量及单价、运营维护工作量及单价的基础上，做大工程量和运营维护工作量、做高工程单价和运营维护单价的客观需求。而在当前政府对水环境治理项目审批（审核）概预算、工程运行维护管理费用依据的相关技术规范、定额标准以成本为中心，不考虑投资收益率。所以社会资本方需求的建设工程量及单价、运营维护工作量及单价高于按相关技术规范、定额标准审批（审核）的量，与政府方

的投资控制存在冲突。

四是按相关技术规范、定额标准批复（核定）建设工程量及单价、运行维护工作量及单价，社会资本方在获得适当利润的需求下，可能采取降低工程建设标准、运营维护标准策略以缩减投资额和运行维护成本。以LH片区黑臭水体治理工程为例，根据《LH片区PPP建设项目黑臭水体治理工程服务合同》，该工程社会资本方投资额为1282.9万元，可用性服务费的初始值为77.53万元，运营期社会资本方在绩效考中获得100分情境下，A区水务局支付可用性服务费77.53万元/a，运营服务费67.4万元/a，若社会资本方预期收益率为4.9%（2019年五年以上贷款基准利率），则可能采取的措施有将投资额和运营服务费成本同比例降低23.9%，或者投资额不变，将年运营服务费成本降低47.2%；或者运营服务费成本不变，将投资额降低48.4%。当社会资本方预期收益率越高，绩效考核中获得分值等级越低，投资额及运营服务费成本降低比例越大。

7.3.2 项目建设中存在的问题

工程建设期间，合法合规性手续办理落实、投资控制、进度管理、安全管理、质量管理、资金管理是保障项目建设顺利推进，确保项目生命周期内有效运行的关键。通过调查发现，A区水环境治理PPP项目中存在项目资金到位率低、项目建设进度滞后、工程效益保障缺少长效机制、基础设施建设程序未满足要求等问题，政府及相关部门对项目开发的过程进行监督，将出现的不符合合同的情况及时与项目公司沟通，并确定责任主体。

1. 项目资金到位率低

目前，除黑臭水体治理工程外，其他水环境治理工程的服务合同均未签署，社会资本方难以服务项下形成的应收账款作为质押担保向金融机构申请贷款，项目融资难以推进，财政资金、大运河注册资本金、社会资本方资本金总计到位约20亿元，占项目总投资额143.9亿元的13.9%，项目资金到位率低。年均减少全社会固定资产投资约31亿元，占2017年、2018年A区全社会固定资产投资平均值939.6亿元的3.3%；约减少拉动A区生产总值16.1亿元，占2017年、2018年A区生产总值均值795.2亿元的2.0%。

2. 项目建设进度滞后

根据要求，A区水环境治理PPP项目组织实施应力争2017年底前完成第二个污水治理及再生水利用三年行动计划和行政办公区水系景观工程；2018年汛前完成骨干防洪工程和重要水生态环境工程；2020 年前完成项目建设。目前，已完工项目 6 项，占项目总数的 23. 1% ，主要为黑臭水体治理工程和农村生活污水治理工程，其中黑臭水体治理工程建设任务全部完成；正在实施项目 9 项，占项目总数的 34. 6% ，主要为农村生活污水治理工程、副中心雨污河流改造工程、海绵城市试点项目、城南和城北水网工程；未开工项目 11 项，占项目总数的 42. 3% ，主要为河道综合治理工程、水网工程。按照要求进度完成项目建设可能性较小，项目实施进度压力较大。

3. 工程效益保障缺乏长效机制

工程效益保障措施追求短期应急手段，缺乏实施方案要求的长效措施。尤其是黑臭水体治理，为达到消除黑臭水体的目标，大部分河道的治理措施以截污治污和底泥清淤为主，部分辅以再生水回补等短期见效快的手段，对于今后河道如何运行维护，水质如何保持在治理后的水平，没有一个长远的规划，河道水体可能存在由于水体富营养化而面临水体水质再度恶化的风险，工程效益保障措施不足。

4. 基础设施建设程序未满足要求

为认真落实《国务院关于北京市开展公共服务类建设项目投资审批改革试点的批复》(国函〔2016〕83 号) 精神，有效推进公共服务类建设项目投资审批改革试点工作，北京市政府印发了《北京市人民政府关于印发北京市公共服务类建设项目投资审批改革试点实施方案的通知》(京政发〔2016〕35 号)，明确简化城市副中心的道路、停车设施、垃圾和污水处理设施以及教育、医疗、养老等公共服务类建设项目审批手续和环节。但该项目改革试点与基建程序、审计及督察管理程序与机制缺乏有效衔接。例如，部分水环境治理 PPP 项目取得“一会二函”前置条件后，在可行性研究报告、资金概预算批复等法定审批手续均未办理的情况下即开工建设，出现未批先建、工程总投资额超概预算、施工后无法立项等项目管理不规范问题。

7. 3. 3 项目管理中存在的问题

在项目实施过程中，项目公司组织各相关单位推进项目实施，政府及相关部门对项目开发的过程进行监督，承担的工作重心应从投融资、规划设计、建设运营向项目管理、合同管理、融资设计、回报测算、绩效考核、项目执行监管的转变；社会资本应按照协议要求对项目设施进行运营维护。为了确保项目的运营和维护按协定进行，政府、贷款人、投资者和社会居民都拥有对项目进行监督的权利。但由于存在对传统基建项目管理模式依赖，项目实施过程中存在政府和社会资本方达成共识难度大、项目推进协调统筹困难等问题。

1. 依赖传统项目管理模式

长期以来，水环境治理项目以政府投入为主，已形成了成熟的投融资、规划设计、建设运营的全过程管理模式。而在 PPP 模式下，A 区水务局是 PPP 项目前期的决策者，实施过程中的监督者，运行维护绩效的评价者，公共服务的购买者，在水环境治理工程建设和运行中承担的工作重心从投融资、规划设计、建设运营向项目管理、合同管理、融资设计、回报测算、绩效考核、项目执行监管的转变，受传统观念和认识的影响，以及对传统基建项目管理模式依赖，在 PPP 项目实施过程中对实施方案编制、项目回报机制设计、绩效评价方案设计、合同条款拟定等关键问题的认识深度不够，缺少有效的操作经验和应对方法。

2. 甲乙双方难达共识

一是，短时间内难以通过法律变更完善 PPP 项目实施制度体系。因此，一定时间内水环境治理工程建设、维修养护标准弹性大，约束力不强、工程维修养护定额标准难以满足实际需求、项目绩效评价体系不成熟等制度方面问题将一直存在，社会资本和政府方对水环境治理 PPP 项目实施效果缺少科学、清晰的边界条件约束，遇到争议问题缺乏公正、客观的评价依据，主要靠政府和社会资本方通过谈判解决项目实施中的争议，项目推进难度大。

二是，A 区水环境治理 PPP 项目通过竞争性磋商方式（不带技术方案）选择社会资本方，竞争性磋商报价比选标准为社会资本全投资（不含政府投资）内部收益率和投资的下浮比例、绩效付费的下浮比例孰低。因此，在项目实施过程中，社会资本方在项目建设标准、项目建设工程量、项目总投资、运营维护标准、运营维护工作量、运营维护单价等确定项目标的物、项目标的物价格关键环节极力争取最优惠条件，在科学的竞争标准缺失的情况下难以取得一致意见，推高项目交易成本。

3. PPP 模式推进困难

一是，在水环境治理项目实施中涉及 A 区水务局、发展和改革委员会、财政局、园林局、交通局等多个部门及乡镇（街道），各部门、乡镇（街道）在项目推进过程中强调各部门职责，在一定程度上忽略了各项涉水事务间的关联性，虽然建立了项目推进月调度、周调度等协调联动工作机制，但解决项目实施中搬迁、道路占用、林木采伐等事项协调性、时效性较差，实施效果不明显。

二是，A 区建立了区、乡镇、村三级河长体系，并以“河长制为治水工作的总机制”落实河长的河湖管理保护主体责任。在 A 区水环境治理 PPP 项目中，A 区水务局通过竞争性磋商方式确定社会资本方为项目建设、运营维护主体，如何划分各级政府与社会资本方的权责，如何建立河长与社会资本方的合作机制，促进社会资本方在各级河长的领导和赋权下承担水环境项目建设、运营维护责任，成为困扰项目推进的一大难题。

7.3.4 风险管理中存在的问题

随着项目逐步推进，A 区水务建设形势多变、PPP 项目实施政策环境不完善、水环境治理工程建设、维修养护标准、定额不完善等超出政府方可控范围的法律变更及政策变化风险不断增大。

1. 与副中心建设的高标准要求差距大

A 区水环境治理 PPP 项目是根据 2016 年北京市人民政府办公厅批复的《A 区水务发展规划（2016 年—2020 年）》编制的《城市副中心水务建设项目 PPP 实施方案》并组织实施。《北京城市总体规划（2016 年—2035 年）》《北京城市副中心控制性详细规划（街区层面）（2016 年—2035 年）》分别于 2017 年和 2018 年相继批复，晚于《PPP 项目合同》签订时间，对 A 区水务建设提出了新要求，也对 A 区水环境治理 PPP 项目选址、建设用地规划、项目设计方案等提出较多变更要求，增大了 PPP 项目实施难度。

PPP 项目需要经过项目遴选、入库等多个管理程序节点，以及准备“一案二评”和各类合同等多个要件，以法律法规和政策为准绳进行多方多轮谈判，同时水环境治理 PPP 项目实施尚处于探索阶段，面临着相关配套政策制度不健全等问题，项目有序推进难度较传统的基础设施建管模式大，推进进程相对慢，难以按照要求 2020 年前完成项目建设。

2. 项目相关政策逐步完善

一是此项目实施时的 PPP 政策注重政府管理层面内容，在 PPP 项目实施过程中缺乏操作性指导规定。从国务院印发《国务院关于创新重点领域投融资机制鼓励社会投资的指导意见》（国发〔2014〕60 号）以来，中央及北京市政府印发了一系列鼓励社会投资的政策文件，仍以原则性、程序性规定为主，注重政府管理层面内容，操作层面的规定还不够具体，项目操作的边界条件还不够清晰，以致在A区水环境治理PPP项目实施过程中，缺乏明晰的参数边界条件、测算标准等，增加了政府与社会资本方合作谈判难度。

二是国家规范PPP项目运作力度不断加强。随着PPP项目的持续推进，全国各领域均推出了大量的PPP项目，截至2018年12月末，全国PPP综合信息平台项目库项目累计8654个，投资额13.2万亿元，与此同时，也出现一些PPP泛化滥用和不规范现象。财政部、国家发展和改革委员会、国有资产监督管理委员会等相关部门相继出台系列政策，如《国家发展改革委关于印发〈传统基础设施领域实施政府和社会资本合作项目工作导则〉的通知》（发改投资〔2016〕2231号）、《财政部办公厅关于规范政府和社会资本合作（PPP）综合信息平台项目库管理的通知》（财办金〔2017〕92号）、《财政部关于推进政府和社会资本合作规范发展的实施意见》（财金〔2019〕10号）、《国家发展改革委关于依法依规加强PPP项目投资和建设管理的通知》（发改投资规〔2019〕1098号）等，进一步规范PPP项目运作，防止增加政府债务和系统性金融风险。

通过对相关法律、法规、规章、规范性文件要求与A区水环境治理PPP项目实施情况对比分析，存在较多不符合项，详见表7-5。虽然部分法律、法规、规章、规范性文件是在《PPP项目合同》签订之后印发实施的，但是PPP项目运作受政策影响大，且根据相关政策文件和《PPP项目合同》，区政府以上（不包括区政府）层面的法律、法规、规章、规范性文件变更属双方共担的风险事件，应按合同约定的处理程序进行整改。

表7-5　PPP政策要求及项目实施情况对照

序号	文件名称	文号	相关要求	项目实施情况
1	《企业投资项目核准和备案管理条例》	国务院令第673号	除涉及国家秘密的项目外，项目核准、备案通过国家建立的项目在线监管平台办理	
2	《政府投资条例》	国务院令第712号	除涉及国家秘密的项目外，投资主管部门和其他有关部门应当通过投资项目在线审批监管平台，使用在线平台生成的项目代码办理政府投资项目审批手续	
3	《关于规范政府和社会资本合作合同管理工作的通知》	财金〔2014〕156号	如果PPP项目由政府发起，则应由政府自行完成可行性研究报告和项目产出说明的编制工作	可行性研究报告由社会资本方编制

续表

序号	文件名称	文号	相关要求	项目实施情况
3	《关于规范政府和社会资本合作合同管理工作的通知》	财金〔2014〕156 号	在 PPP 项目合同签订之前，双方应协商确定具体的项目建设标准，并规定在 PPP 项目合同中	项目合同中，未明确项目建设标准
			对于超出政府方可控范围的法律变更，如由国家或上级政府统一颁行的法律等，应视为不可抗力，按照不可抗力的机制进行处理	项目实施中部分不符合区政府以上（不包括区政府）层面的法律、法规、规章、规范性文件变更要求，未进行处理
4	《国家发展改革委关于印发〈传统基础设施领域实施政府和社会资本合作项目工作导则〉的通知》	发改投资〔2016〕2231 号	政府投资项目……可行性研究报告审批后，实施机构根据经批准的可行性研究报告有关要求，完善并确定 PPP 项目实施方案	在可行性研究报告未批复前，开展了 PPP 项目实施方案编制、项目招标、PPP 合同签订等工作
			实行核准制或备案制的企业投资项目……项目核准或备案后，实施机构依据相关要求完善和确定 PPP 项目实施方案	在项目核准、备案未通过前，开展了 PPP 项目实施方案编制、项目招标、PPP 合同签订等工作
			PPP 项目合同中应包含 PPP 项目运营服务绩效标准	PPP 项目合同中未列明 PPP 项目运营服务绩效标准
5	《财政部办公厅关于规范政府和社会资本合作（PPP）综合信息平台项目库管理的通知》	财办金〔2017〕92 号	存在下列情形之一的项目，不得入库：……项目建设成本不参与绩效考核，或实际与绩效考核结果挂钩部分占比不足 30%，固化政府支出责任的	实际与绩效考核结果挂钩部分占比 20%，不足 30%

续表

序号	文件名称	文号	相关要求	项目实施情况
6	《国家发展改革委关于依法依规加强 PPP 项目投资和建设管理的通知》	发改投资规〔2019〕1098 号	按照国务院关于“加强 PPP 项目可行性论证，合理确定项目主要内容和投资规模”的要求，所有拟采用 PPP 模式的项目，均要开展可行性论证。通过可行性论证审查的项目，方可采用 PPP 模式建设实施	未通过可行性论证审查，开展了 PPP 模式建设实施
			未依法依规履行审批、核准、备案及可行性论证和审查程序的 PPP 项目，为不规范项目，不得开工建设	部分项目开工实施
			实施方案、招投标文件、合同的主要内容应与经批准的可行性研究报告、核准文件、备案信息保持一致	
6	《国家发展改革委关于依法依规加强 PPP 项目投资和建设管理的通知》	发改投资规〔2019〕1098 号	实施方案、招投标文件、合同或建设中出现以下情形的，应当报请原审批、核准、备案机关重新履行项目审核备程序：①项目建设地点发生变化；②项目建设规模和主要建设内容发生较大变化；③项目建设标准发生较大变化；④项目投资规模超过批复投资的 10%	
			除涉密项目外，所有 PPP 项目须使用全国投资项目在线审批监管平台生成的项目代码分别办理各项审批手续。 未录入全国 PPP 项目信息监测服务平台的项目为不规范项目	

3. 项目参考缺乏标准

一是水环境治理工程建设、维修养护标准弹性大，约束力不强。A 区水环境治理工程涉及的河流主要为 A 区 2～4 级河流，河流等级较低，需参照国家、北京市的相关标准及规范建设，难以约束项目建设内容。部分建设内容缺少规范和标准指导，如河道景观配套工程，包括道路、亲水建筑物、工程设施、指示系统、防护设施、景观照明系统等缺少具体的标准约束。现行的《北京市水利工程日常维护作业标准修订（试行）》未根据水利工程等级细化相应的标准，难以满足水环境治理项目运营维护管理要求。

二是现行《北京市水利工程维修养护定额标准》（2013 年版）（以下简称《定额》）难以满足实际需求。该《定额》已使用 5 年，其间各项体制改革逐步深化，国家有关政策法规（如营改增）调整，物价及人工费用调整，机械作业水平提升，与《定额》制定之时已有较大变化。例如，《定额》中缺少泵站工程维修养、水利工程安全监测系统维护、视频监控系统维护等维修养护项目，以及生态护坡、水华防治、林带养护等定额子目养护定额标准。《定额》未根据水利工程等级细化相应的标准，难以满足水环境治理项目运营维护管理要求。

三是水环境治理项目建设、运营绩效评价体系不成熟，增大了 PPP 项目绩效付费机制设计及实施难度。当前，虽然在《国家发展改革委关于印发〈传统基础设施领域实施政府和社会资本合作项目工作导则〉的通知》（发改投资〔2016〕2231 号）等文件中明确要加强 PPP 项目绩效评价，对实施绩效考核和按效付费作出了原则性规定，但水环境治理项目绩效评价框架、评价指标体系、评价方法及评价结果运用等方面缺乏明确的标准，增大了 PPP 项目绩效付费机制设计及实施难度，难以保障评价结果缺乏客观性、科学性。

7.3.5 合同管理中存在的问题

A 区水环境治理 PPP 项目采用“项目投资、建设和运行一体化+政府购买服务”模式，A 区水务局负责组织实施方案的编制、招商、PPP 项目合同的谈判、签订以及项目全过程监管，项目公司负责设计、投资、建设、运营、维护、更新改造和移交，在服务期内政府通过购买服务的方式向项目公司支付服务费，服务期满项目公司将项目设施完好、无偿移交给政府指定机构。通过与财政部印发的《PPP 项目合同指南（试行）》、《国家发展改革委关于印发〈传统基础设施领域实施政府和社会资本合作项目工作导则〉的通知》（发改投资〔2016〕2231 号）等要求相对照，签订的合同中合同条款编制不符合政策要求，同时在合同履行过程中履行合同义务、防控风险责任不清问题，需及时与项目公司沟通，并确定责任主体。

1. 合同条款存在不符合项

主要表现为：根据财政部印发的《PPP 项目合同指南（试行）》，应由 A 区水务局自行完成可行性研究报告和项目产出说明的编制，协商确定建设标准，并规定在 PPP 项目合同中，但在《PPP 项目合同》中明确可行性研究报告由社会资本方编制，以“每个子项目的建设指标以最终经相关政府部门批复认可的设计文件为准”代替了采购合同的建设标准；《PPP 项目合同》约定乙方在向甲方提交子项目设计方案审查的同时，应向甲方提交一份该子项目详尽的运营维护方案和运维绩效考核方案，但没有明确的 PPP 项目运营服务绩效标准，不满足《国家发展改革委关于印发〈传统基础设施领域实施政府和社会资本合作项目工作导则〉的通知》（发改投资〔2016〕2231 号）PPP 项目合同中应包含 PPP 项目运营服务绩效标准要求；项目建设成本实际与绩效考核结果挂钩部分占比 20%，低于《财政部办公厅关于规范政府和社会资本合作（PPP）综合信息平台项目库管理的通知》（财办金〔2017〕92 号）对实际与绩效考核结果挂钩部分占比不低于 30% 要求。

2. 合同履行的责任不明晰

社会资本方解决项目推进过程中关键、棘手问题的统筹协调能力不足，存在对政府方依赖，合同履行过程中履行合同义务、防控风险责任混乱。一是水环境治理多类型多项目同时推进，前期工作程序复杂，需要协调发改委、财政局、规土委、园林局、水务局等多部门及街道或镇政府获取多项许可、执照和批准，对社会资本方履行前期工作义务带来挑战，面对前期工作过程中的关键、棘手问题社会资本方依赖 A 区水务局协调推进。例如，某湿地工程规划选址方案需统筹考虑 A 区与其他区联合蓄洪和调度，选址用地涉及两区地界，需要协调 A 区与其他区政府或相关部门，根据《PPP 项目合同》，该项任务属社会资本方承担义务内容，但是社会资本方的推进难度较大，依赖于 A 区水务局协调解决。二是在项目运行维护过程中，社会资本方缺少降低运营成本的有效办法，准备以提高绩效付费的方式转嫁给（政府方）A 区水务局，以保障社会资本方收益。例如，农村污水治理工程中对农村污水有效收集保障措施缺乏，社会资本方要求 A 区水务局承诺按农村污水最低量方式支付绩效付费；在某项目中在改变居民向河道倾倒垃圾习惯方面措施缺乏，社会资本方以简单地增加垃圾清扫频次解决问题，增加了项目运营成本，进而增加政府方的支出责任。

7.3.6 问题分析与总结

1. PPP 成功案例对 A 区项目的启示

总结 PPP 成功案例经验，针对 A 区水环境治理具体问题给予其以借鉴。

在项目前期论证、进行可行性研究和风险共担机制设置方面，对任何一个 PPP 融资项目来讲，风险存在于项目设计、建设、运营管理的全过程。政府部门和私人部门都需要充分了解项目风险，在项目伊始便应最大可能地预测未来风险并提出应对方案，对于不可预知的风险需要设定相应的调节机制。张家界市杨家溪污水处理厂项目在前期论证阶段由政府聘请专业咨询机构提供财务、法律等顾问服务，提高了项目决策的科学性、操作的规范性；合肥市王小郢污水处理厂项目中合肥市政府成立了专门的决策和工作机构，并聘请了高水平的顾问团队。整个团队在研究和确定项目条件，落实前期各项工作等方面投入了很多精力，做了大量扎实的工作，避免出现“拍脑袋”决策的情况。从项目实施结果看，前期工作准备得越充分，考虑得越周全，后面的项目推进效率就越高，项目实施结果就越好；北京兴延高速公路 PPP 项目中通过财务测算科学合理地确定保底车流量，避免社会投资人承担过大风险，体现了风险共担的原则；北京地铁 4 号线项目通过票价机制和客流机制的巧妙设计，在社会投资人的经济利益和政府方的公共利益之间找到了有效平衡点。

在项目建设管理方面，池州市主城区水处理 PPP 项目中池州市政府将主城区所有排水设施的管网资产一次性转让给项目公司，改变之前“资金-固定资产”的财政资源使用方式为“资金-固定资产-资金”，最大限度提高了财政资金的使用效率和周转速度，还将前期以财政资金为杠杆撬动的固定资产投资成本中的财政负债部分予以释放，降低了财政整体负债水平，为后续公共设施建设领域中，财政资金发挥更大效用腾挪出了宝贵的空间；北京市大兴区新凤河流域综合治理项目中，将当期建设支出转化为特许经营期内的分期付费，同时充分发挥社会投资人的专业技术力量，有效缓解项目时间紧、任务重、投资压力大等问题，加快水利基础设施建设；池州市主城区水处理 PPP 项目中，采用“特许经营+政府购买服务”方式进行整体实施和运维的项目，池州市政府作为污水处理服务的需求方和购买方，向政府与社会资本合资成立的项目公司购买污水处理服务，保证了资金支付数量和进度，确保了 PPP 协议能够顺利履约。浙江丽水市丽阳溪水系综合整治工程 PPP 项目中，对项目公司的运营情况（包括违章、违法行为处理情况、影响河道保洁的其他情形处理、媒体曝光、举报情况、创建亮点）特意设置了附加的奖惩分（–10 ~ 10 分）；南京市城东污水处理厂和仙林污水处理厂 PPP 项目中，采用灵活调价机制，为了反映对宏观经济风险的合理共担，设定了污水处理服务费单价的定期调整机制，科学合理分摊了双方风险，保障了双方利益；北京地铁 4 号线项目中清晰确定政府与市场的边界、详细设计相应监管机制是 PPP 模式下做好政府监管工作的关键。政府的监督主要体现在文件、计划、申请的审批，建设、试运营的验收、备案，运营过程和服务质量的监督检查三个方面，既体现了不同阶段的控制，也体现了事前、事中、事后的全过程控制。

2. 总结

我国从20世纪90年代开始探索PPP模式建设、颁布PPP相关政策并予以实施已经20余年，在这20余年里中国的PPP行业发生较大的变化，PPP项目的数量和质量皆处于上升阶段，但其中不乏一些由于经营运行不善而失败的PPP案例。

A区水务局通过引入PPP模式进行水环境治理缓解政府财政负担，撬动社会资本并在工程质量、时间和经济上实现高效率双赢，但是在PPP项目进行过程中，可能会出现法律变更、审批延误、政策决策失误、融资结构不合理、市场结构调整、收费缺乏弹性调整等因素带来的风险，并产生诸多PPP项目连带问题。

由于项目公益性质，引入社会资本出现了社会资本投资回报率难以保证的问题，实施中出现了工程审批延误、建设进度慢、影响工期等其他问题。此外，引入社会资本参与水环境治理工程建设还存在政策保障体制机制不健全、操作经验不足的问题，导致工程推进难度增大。这些问题在已经放弃使用PPP的项目中均有体现。

A区水环境治理PPP项目从前期论证到开工建设期间的项目管理、风险管控、合同管理等环节存在的问题，在一定程度上是国内PPP政策不够细致完备的大环境下国内PPP项目“通病”的缩影，出现了未批先建、项目缺乏全面统筹规划、工程进度信息不对称和多方利益矛盾的现象，“一会二函”为工程建设简化手续创造了良好的条件，但也存在风险。

亟须引入第三方机构对未开工、在建和完工的工程项目进行绩效评价，根据评分编制项目后续的实施建议方案（工程项目延续或分批退出），将损失降至最低并促进双方在经济利益、工程效率、工程质量上达成共识。

7.4 区域水环境治理PPP项目的绩效评价

根据A区水环境治理PPP项目绩效评价指标体系和算法，得出A区现有26个水环境PPP项目的绩效评价结果。

按照片区汇总A区水环境治理PPP项目建设阶段绩效评价结果见表7-6。

经过三标度AHP法和模糊综合评价法的计算分析，评分结果科学性、代表性、严谨性有所提升，26个子项目的评价分数和各片区得分的平均分均已得出。

表 7-6　A 区水环境治理 PPP 项目建设阶段绩效评价结果（按片区）

<table>
<tr><th>片区名称</th><th>项目编号</th><th>项目名称</th><th>得分</th><th>片区平均得分</th></tr>
<tr><td rowspan="4">CB</td><td>CB-1</td><td>农村生活污水治理工程</td><td>83. 37</td><td rowspan="4">39. 95</td></tr>
<tr><td>CB-2</td><td>城北水网工程</td><td>22. 07</td></tr>
<tr><td>CB-3</td><td>减河北再生水厂</td><td>21. 59</td></tr>
<tr><td>CB-4</td><td>副中心雨污合流改造工程</td><td>32. 77</td></tr>
<tr><td rowspan="4">LH</td><td>LH-1</td><td>黑臭水体治理工程</td><td>85. 17</td><td rowspan="4">68. 30</td></tr>
<tr><td>LH-2</td><td>农村生活污水治理工程</td><td>81. 72</td></tr>
<tr><td>LH-3</td><td>两河水网工程</td><td>21. 96</td></tr>
<tr><td>LH-4</td><td>海绵城市试点 PPP 项目工程</td><td>84. 35</td></tr>
<tr><td rowspan="6">HX</td><td>HX-1</td><td>农村生活污水治理工程</td><td>83. 16</td><td rowspan="6">29. 81</td></tr>
<tr><td>HX-2</td><td>副中心雨污合流改造工程</td><td>30. 32</td></tr>
<tr><td>HX-3</td><td>萧太后河景观提升及生态修复工程（东六环—凉水河）</td><td>15. 76</td></tr>
<tr><td>HX-4</td><td>玉带河综合治理工程（二期）（含桥梁）</td><td>16. 53</td></tr>
<tr><td>HX-5</td><td>通惠河（A 段）水环境综合治理二期工程</td><td>16. 53</td></tr>
<tr><td>HX-6</td><td>凉水河蓄滞洪区工程</td><td>16. 53</td></tr>
<tr><td rowspan="5">TM</td><td>TM-1</td><td>黑臭水体治理工程</td><td>87. 53</td><td rowspan="5">44. 09</td></tr>
<tr><td>TM-2</td><td>农村生活污水治理工程</td><td>79. 80</td></tr>
<tr><td>TM-3</td><td>城南水网工程</td><td>21. 40</td></tr>
<tr><td>TM-4</td><td>萧太后河景观提升工程</td><td>15. 87</td></tr>
<tr><td>TM-5</td><td>凤港减河滞洪区湿地工程</td><td>15. 87</td></tr>
<tr><td rowspan="4">HN</td><td>HN-1</td><td>黑臭水体治理工程</td><td>87. 53</td><td rowspan="4">50. 78</td></tr>
<tr><td>HN-2</td><td>农村生活污水治理工程</td><td>79. 80</td></tr>
<tr><td>HN-3</td><td>城南水网工程</td><td>20. 73</td></tr>
<tr><td>HN-4</td><td>港沟河治理工程</td><td>15. 06</td></tr>
<tr><td rowspan="3">YY</td><td>YY-1</td><td>黑臭水体治理工程</td><td>84. 68</td><td rowspan="3">63. 53</td></tr>
<tr><td>YY-2</td><td>农村生活污水治理工程</td><td>80. 59</td></tr>
<tr><td>YY-3</td><td>城南水网工程</td><td>25. 32</td></tr>
</table>

处于80～100分（良好）范围内的项目有9个，分别为CB-1、LH-1、LH-2、LH-4、HX-1、TM-1、HN-1、YY-1、YY-2；60～80分（较好）范围内的项目有2个，分别为TM-2和HN-2；处于40～60分（中等）范围内的项目有0个；处于20～40分（较差）范围内的项目有8个，分别为CB-2、CB-3、CB-4、LH-3、HX-2、TM-3、HN-3、YY-3；处于0～20分（很差）范围内的项目有7个，分别为HX-3、HX-4、HX-5、HX-6、TM-4、TM-5、HN-4。

按照片区划分：各片区平均得分情况分别为CB 39.95分、LH 68.30分、HX 29.81分、TM 44.09分、HN 50.78分、YY 63.53分。

按照工程类型划分：各工程类型平均得分情况分别为农村污水治理81.41分、黑臭水体治理86.23分、海绵城市84.35分、城市水网工程22.30分、河道治理16.02分、雨污合流31.55分、再生水厂21.59分。

按照工程类型汇总A区水环境治理PPP项目建设阶段绩效评价结果，见表7-7。

表7-7　A区水环境治理PPP项目建设阶段绩效评价结果（按工程类型）

工程类型	项目编号	项目名称	得分	工程平均得分
农村污水治理	CB-1	农村生活污水治理工程	83.37	81.41
	LH-2	农村生活污水治理工程	81.72	
	HX-1	农村生活污水治理工程	83.16	
	TM-2	农村生活污水治理工程	79.80	
	HN-2	农村生活污水治理工程	79.80	
	YY-2	农村生活污水治理工程	80.59	
黑臭水体治理	LH-1	黑臭水体治理工程	85.17	86.23
	TM-1	黑臭水体治理工程	87.53	
	HN-1	黑臭水体治理工程	87.53	
	YY-1	黑臭水体治理工程	84.68	
海绵城市	LH-4	海绵城市试点PPP项目工程	84.35	84.35
城市水网工程	CB-2	城北水网工程	22.07	22.30
	LH-3	两河水网工程	21.96	
	TM-3	城南水网工程	21.40	
	HN-3	城南水网工程	20.73	
	YY-3	城南水网工程	25.32	

续表

工程类型	项目编号	项目名称	得分	工程平均得分
河道治理	HX-3	萧太后河景观提升及生态修复工程（东六环—凉水河）	15.76	16.02
	HX-4	玉带河综合治理工程（二期）（含桥梁）	16.53	
	HX-5	通惠河（A 段）水环境综合治理二期工程	16.53	
	HX-6	凉水河蓄滞洪区工程	16.53	
	TM-4	萧太后河景观提升工程	15.87	
	TM-5	凤港减河滞洪区湿地工程	15.87	
	HN-4	港沟河治理工程	15.06	
雨污合流	CB-4	副中心雨污合流改造工程	32.77	31.55
	HX-2	副中心雨污合流改造工程	30.32	
再生水厂	CB-3	减河北再生水厂	21.59	21.59

7.5 区域水环境治理 PPP 项目实施建议方案

结合政策环境分析、项目实施状况、绩效评价分析等，提出应对策略及方案。

7.5.1 方案一：持续推进合作

持续推进合作即政府方和社会资本方在遵守契约、平等诚信的基础上，以水环境治理项目推进为根本目标，可建立《A 区水利工程管理维护作业标准》等标准定额体系，确定公允的标的物及其价格，并通过合同再谈判，调整社会资本方收益，转变政府职能加强监管，积极推进项目实施。

1. 持续推进合作的条件

一是 A 区政府同意延长 PPP 项目实施时间。二是政府方和社会资本方在遵守契约、平等诚信的基础上，以水环境治理项目推进为根本目标，协同推进项目。

2. 持续推进合作策略

第一，根据《北京城市副中心控制性详细规划（街区层面）（2016 年—2035 年）》，对水环境治理工程实施后形成的项目资产或项目设施、工程管理范围内区域存在的潜在经营性或商业性开发可能性、投资可能性开展评估，以此为基础对社会资本方的优先参与权、未来收益分享权等开展估价，作为社会资本方开展水环境治理项目建设和维护的潜在收益来源，缓解社会资本方对可用性服务费和运营服务费的依赖程度。

在满足项目管理需求的前提下，不限制社会资本方承接其他水利工程、园林、道路等运行维护业务，以多元化其收益来源，提高项目公司利润率。但根据当前 PPP 政策，项目公司采取多元化经营的可行性较低。

第二，可制定《A 区水利工程管理维护作业标准》《A 区水利工程维修养护预算定额》《A 区水利工程管理维护考核办法》等标准，并以此为依据，公正客观地确定公允的标的物及标的物价格，理顺项目立项、运行维护经费审批等关键环节，解决项目推进难点。

第三，根据《PPP 项目合同》第 13 条，按照区政府以上（不包括区政府）层面的法律、法规、规章、规范性文件变更要求，各方本着诚信平等的原则开展再谈判，协商主要事项包括各子项目可行性研究报告和项目产出说明由 A 区水务局负责编制，并通过评审；签订补充协议，根据评审通过的可行性研究报告，明确项目建设内容、建设标准、项目产出、社会资本合理施工利润、项目合理收益率，重新确定项目投资总额、投资结构、社会资本方回报率。另外，在谈判的同时，要按照当前最新政策重新开展 PPP 项目可行性论证、物有所值评价和财政承受能力评价。为防范调高社会资本方收益率存在法律风险，建议委托专业机构出具系统性整改意见和方案。

若谈判不成功，建议采用重新招投标的方式确定社会资本方，根据当前北京市优化营商环境的政策要求，优先考虑符合条件的民营企业参与项目建设与运营。

第四，A 区政府在整改方案的基础上加强在项目立项、财政承受能力评价、初步设计报告及概预算评审、施工图预算评审、设计变更评审、结算审计、绩效考核、更新改造等环节对工程建设成本、运营成本控制，并加强监督管理，合理管理项目成本（图 7-2）。

7.5.2　方案二：部分终止 PPP

部分终止即根据当前 PPP 项目实施情况，A 区水务局与社会资本方达成一致

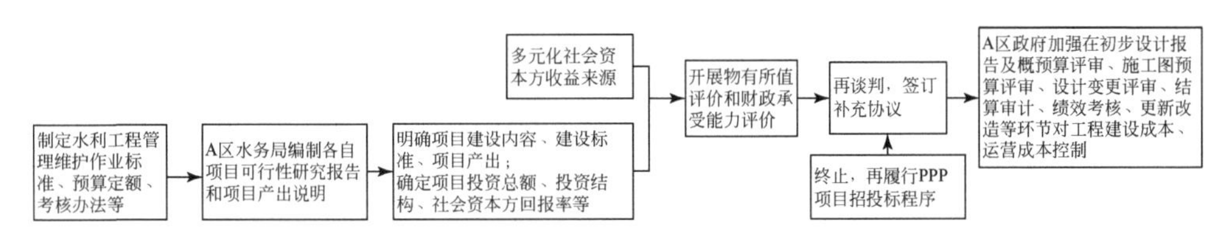

图 7-2　持续推进合作方案实施路线

意见，寻求社会资本方合理退出、转让部分股权。其中，将建设任务基本完成的黑臭水体治理工程和农村生活污水治理工程仍采用 PPP 模式建设与运行，其他工程终止 PPP 模式，采用传统基础设施建设运营模式。

1. 部分终止 PPP 模式的条件

一是经协商，社会资本方同意退出或转让部分股权。二是项目实施中存在《PPP 项目合同》中第 12. 1 条、第 12. 2 条、第 12. 3 条提前终止情况。

2. 部分终止 PPP 模式策略

第一，对当前项目实施情况开展全面分析。

第二，该项目实施过程中存在区政府以上（不包括区政府）层面的法律、法规、规章、规范性文件变更属不可抗力事件，可以援引《PPP 项目合同》第 14. 3 条“不可抗力提前终止”终止除黑臭水体治理工程和农村生活污水治理工程以外的工程 PPP 合作。

第三，同意“六片区”的社会资本方通过转让股权的方式整合黑臭水体治理工程和农村生活污水治理工程，由一个社会资本方来承担项目运行义务，促进最终的社会资本方通过发挥项目规模效益降低建设及运营维护成本，以提高利润率。同时，A 区政府加强在初步设计报告及概预算评审、施工图预算评审、设计变更评审、结算审计、绩效考核、更新改造等环节对工程建设成本、运营成本控制，并加强监督管理，合理管理项目成本。

第四，聘请政府方和社会资本方均认同的审计机构，对终止项目资金使用、工程进度、工程建设成本等进行审计，明确社会资本方投资支出，以此为基础，根据《PPP 项目合同》第 12. 7 条核算提前终止补偿金额。

第五，根据《PPP 项目合同》第 14 条履行项目终止程序。

第六，由 A 区水务局委托其下属单位履行项目法人职责，发挥政府在工程建设用地审批、利益协调等方面的主导作用和优势，加快推进终止项目工程建设。待工程建成运行后，通过政府购买服务形式委托第三方管理维护工程（图 7-3）。

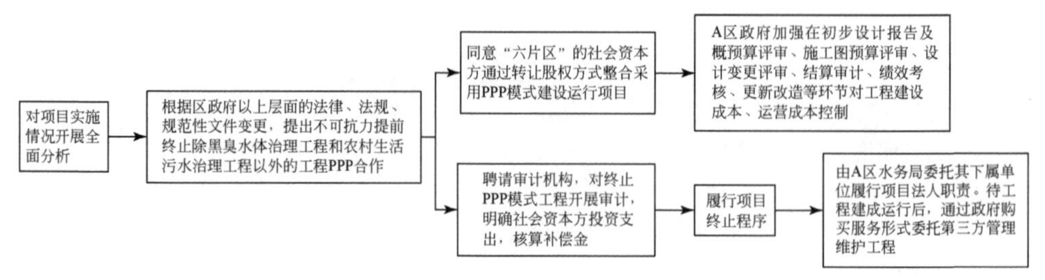

图7-3　部分终止合作方案实施路线

7.5.3　方案三：终止PPP

终止合作即以《PPP项目合同》为依据，推进终止合作进程，办理移交手续等，解除合作协议，政府自建或者组建新项目法人，推进项目实施。

1. 终止合作的条件

一是A区人民政府明确PPP项目实施完成时间不变，需在2020年全部完工。二是以工程建设规范及定额、运营维护标准及定额的最大值测算可用性付费额和绩效付费额，并估算未来潜在经营性或商业性开发、投资可能收益，都不能满足社会资本方投资收益预期。三是项目实施中存在《PPP项目合同》第12.1条、第12.2条、第12.3条提前终止情况。以上条件有一项不满足可寻求社会资本方同意，采取终止合作，或者类似终止合作措施。

2. 终止合作策略

第一，该项目实施过程中存在区政府以上（不包括区政府）层面的法律、法规、规章、规范性文件变更属不可抗力事件，可以援引《PPP项目合同》第14.3条“不可抗力提前终止”终止合作。

第二，聘请政府方和社会资本方均认同的审计机构，对PPP项目资金使用、工程进度、工程建设成本等进行审计，明确社会资本方投资支出，以此为基础，根据《PPP项目合同》第14.7条核算提前终止补偿金额。

第三，根据《PPP项目合同》第14条履行项目终止程序。

第四，由A区水务局委托其下属单位履行项目法人职责，发挥政府在工程建设用地审批、利益协调等方面的主导作用和优势，加快推进工程建设。待工程建成运行后，通过政府购买服务形式委托第三方管理维护工程（图7-4）。

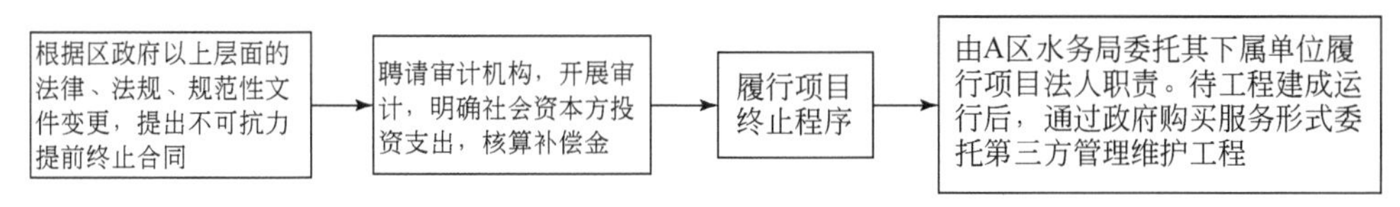

图 7-4　终止合作方案实施路线

7.5.4　方案比选

根据以上绩效分析结果，从适用条件、项目建设周期、建设及运营维护成本、项目实施交易成本、建设及运营维护质量、存在风险 6 个方面对各方案进行的优劣势进行分析，分类施策（表 7-8 ~ 表 7-10）。

方案一的适用条件为：一是 A 区人民政府同意延长 PPP 项目实施时间；二是政府方和社会资本方在遵守契约、平等诚信的基础上，以水环境治理项目推进为根本目标，协同推进项目。

项目建设周期：难以利用《北京市公共服务类建设项目投资审批改革试点实施方案》相关政策，项目建设周期长。

项目建设及运营维护成本：PPP 的净现值 162.0 亿元，小于 PSC 的净现值，在项目全生命周期内政府支出责任净现值低于方案三。从项目实施交易成本来看，各关键环节谈判历时长，难以达成一致意见，项目交易成本最高。

方案一的建设及运营维护质量高，但也存在风险：一是项目建设进度难以满足副中心建设要求；二是调高社会资本方收益率存在法律风险。最优推荐方案为农村污水治理项目（CB-1、LH-2、HX-1、TM-2、HN-2、YY-2）、黑臭水体治理项目（LH-1、TM-1、HN-1、YY-1）、海绵城市项目（LH-4）。次优推荐方案为雨污合流项目（CB-4、HX-2）。

方案二的适用条件为：一是经协商，社会资本方同意退出或转让部分股权；二是项目实施中存在《PPP 项目合同》第 12.1 条、第 12.2 条、第 12.3 条提前终止情况。

项目建设周期：能充分利用《北京市公共服务类建设项目投资审批改革试点实施方案》相关政策，有效促进项目尽快落地，能缩短项目建设周期。项目建设及运营维护成本与方案三相当。项目交易成本低于方案一、高于方案三。最优推荐方案为雨污合流项目（CB-4、HX-2）。

方案三的适用条件为：一是 A 区人民政府明确 PPP 项目实施完成时间不变，需在 2020 年全部完工；二是未来潜在收益不能满足社会资本方投资收益预期；三是项目实施中存在《PPP 项目合同》第 12.1 条、第 12.2 条、第 12.3 条提前

表 7-8　方案一适用条件及推荐方案

方案一：持续推进合作							
适用条件	项目建设周期	建设及运营维护成本	项目实施交易成本	建设及运营维护质量	存在风险	最优推荐方案	次优推荐方案
一是 A 区人民政府同意延长 PPP 项目实施时间； 二是政府方和社会资本方在遵守契约、平等诚信的基础上，以水环境治理项目推进为根本目标，协同推进项目	难以利用《北京市公共服务类建设项目投资审批改革试点实施方案》相关政策，项目建设周期长	PPP 的净现值 162.0 亿元，小于 PSC 的净现值，在项目全生命周期内政府支出责任净现值低于方案三	各关键环节谈判历时长，难以达成一致意见，项目交易成本最高	高	一是项目建设进度难以满足副中心建设要求； 二是调高社会资本方收益率存在法律风险	农村污水治理项目（CB-1、LH-2、HX-1、TM-2、HN-2、YY-2）、黑臭水体治理项目（LH-1、TM-1、HN-1、YY-1）、海绵城市项目（LH-4）	雨污合流项目（CB-4、HX-2）

表 7-9　方案二适用条件及推荐方案

方案二：部分终止 PPP 模式							
适用条件	项目建设周期	建设及运营维护成本	项目实施交易成本	建设及运营维护质量	存在风险	最优推荐方案	次优推荐方案
一是经协商，社会资本方同意退出或转让部分股权； 二是项目实施中存在《PPP 项目合同》第 12.1 条、第 12.2 条、第 12.3 条提前终止情况	能充分利用《北京市公共服务类建设项目投资审批改革试点实施方案》相关政策，有效促进项目尽快落地，能缩短项目建设周期	项目建设运营成本与方案三相当	项目交易成本低于方案一、高于方案三	—	—	雨污合流项目（CB-4、HX-2）	

表 7-10　方案三适用条件及推荐方案

方案三：终止 PPP 模式							
适用条件	项目建设周期	建设及运营维护成本	项目实施交易成本	建设及运营维护质量	存在风险	最优推荐方案	次优推荐方案
一是 A 区人民政府明确 PPP 项目实施完成时间不变，需在 2020 年全部完工； 二是未来潜收益不能满足社会资本方投资收益预期； 三是项目实施中存在《PPP 项目合同》第 12.1 条、第 12.2 条、第 12.3 条提前终止情况	能充分利用《北京市公共服务类建设项目投资审批改革试点实施方案》相关政策，有效促进项目尽快落地，能缩短项目建设周期	根据《物有所值评价分析报告》，PSC 的净现值 200.5 亿元，全生命周期成本的净现值高于方案一、方案二	按传统基础设施建设运营路径推进，以行政管理方式为主，项目交易成本最低	一般	—	城市水网工程项目（CB-2、LH-3、TM-3、HN-3、YY-3）、河道治理项目（HX-3、HX-4、HX-5、HX-6、TM-4、TM-5、HN-4）、再生水厂项目（CB-3）	

终止情况。

项目建设周期：能充分利用《北京市公共服务类建设项目投资审批改革试点实施方案》相关政策，有效促进项目尽快落地，能缩短项目建设周期。

从项目实施交易成本来看，根据《物有所值评价分析报告》，PSC 的净现值 200.5 亿元，全生命周期成本的净现值高于方案一、方案二。方案三的建设及运营维护质量相比方案一来说为一般。最优推荐方案为城市水网工程项目（CB-2、LH-3、TM-3、HN-3、YY-3）、河道治理项目（HX-3、HX-4、HX-5、HX-6、TM-4、TM-5、HN-4）、再生水厂项目（CB-3）。

7.6 经验与启示

（1）顾全大局、通力合作，加快工程建设进度

一是突出 A 区水环境治理项目的基础性、战略性和公益性特点，在水环境治理项目建设和运行维护过程中，涉及资金筹集，工程建设征地补偿、移民搬迁生产安置，周边环境保护等问题，需要区政府相关部门共同做好沟通协调工作。二是基于水环境治理 PPP 项目实施现状、存在的问题及面临的挑战，重新制定项目实施计划，申请延长水环境治理项目实施时间，保障项目实施周期，确保有足够的时间完善标准定额体系，开展谈判调整合作等，能充分运用法律法规规范社会资本方工程建设及运营维护行为，确保项目实施满足基建程序要求，防控工程质量安全、资金安全等风险，保障工程效益。

（2）调整治水工作重点，转变政府方角色

一是调整对 PPP 项目实施的认识，提高对 PPP 项目前期论证的重视程度，积极参与项目策划、实施和管理。二是以 A 区水环境治理 PPP 项目实施为契机，通过对项目实施过程中反映出来的 A 区基础规划、项目绩效管理、项目建设运维标准体系等方面的不足进行剖析，调整传统基建项目管理路径，将工作重心从投融资、规划设计、建设运营向项目管理、合同管理、融资设计、回报测算、绩效考核、项目执行监管转变。三是充分利用现代化监管手段，灵活运用监理制、稽查、督察等制度加强项目建设和运营维护监管。

（3）推进制度建设，全面保障项目实施

一是 A 区水务局积极响应市水务局推进水务工程运行管理规范化、标准化、精细化建设要求，可制定《A 区水利工程管理维护作业标准》《A 区水利工程维修养护预算定额》《A 区水利工程管理维护考核办法》《A 区农村污水处理设施运营维护标准》《A 区农村污水处理设施运营维护预算等额》等制度，推进 A 区水务工程运行管理规范化建设，为水环境治理项目实施提供公正、客观的评价依据和参考标准。二是加强水环境治理相关法律法规、规范标准等宣贯、培训，强化对项目实施的约束和指导。

（4）以合同为基础，促进双方达成共识

一是开展水环境治理 PPP 项目实施情况评估。以基础设施建设及运行管理相关法律法规、政策制度为准绳，以《PPP 项目合同》为依据，对 PPP 项目实施情况，包括项目管理、项目资金、项目进度等开展评估，在此基础上，对持续推进合作、转变合作模式或终止合作的可能性、补偿金、条件等开展预判。二是若选择持续推进合作、部分终止 PPP 模式方案，要通过签署补充协议等方式加强对项目总投资规模的管理，当投资规模越大，社会资本方回报要求也会增加，反过来影响项目盈利水平，并增加财政补助规模；要充分运用基础设施建设及运行管理相关法律法规、正常制度，监督社会资本方规范项目建设及运行管理。三是若选择终止合作策略，要根据评估结果，以《PPP 项目合同》为基础，厘清各方职责，合理补偿。

参考文献

财政部国际司. 2014-07-22. 国际上 PPP 项目的失败案例 [N]. 中国财经报, 008.

陈斌. 2019. PPP 项目税务筹划和应对建议研究 [J]. 纳税, 13 (33): 48.

陈波. 2018. 浅谈绿色城镇化进程中水环境治理 PPP 模式的运行问题 [J]. 建材与装饰, (21): 138-139.

陈海涛, 陈晓楠, 邱林. 2010. 基于三标度法的可变模糊集模型在湖泊水质评价中应用 [J]. 节水灌溉, (1): 54-56.

陈剑博. 2016. 浅谈 PPP 项目绩效评价的现状与发展 [J]. 财政监督, (4): 53-54.

陈南凤. 2020. 北京大兴国际机场轨道线 PPP 模式研究与应用 [J]. 建筑技术, 51 (2): 171-174.

陈渠. 2021. 建筑工程项目风险管理研究 [J]. 行政事业资产与财务, (20): 33-34.

陈晓. 2017. 基于案例分析的 PPP 不成功项目失败历程及启示 [J]. 建筑经济, 38 (5): 29-33.

楚永生. 2021. 工程招标阶段中的风险管理有效方法 [J]. 居舍, (21): 132-133.

邓德宇, 朱飞龙, 刘军, 等. 2021. 高密度建成区水环境治理 PPP 项目技术优化策略 [J]. 中国给水排水, 37 (10): 160-163.

邓小勤. 2021. 关于水环境综合整治 PPP 项目财务测算的探析 [J]. 广西广播电视大学学报, 32 (4): 93-96.

丁纯刚, 樊松丽. 2010. 浅谈 PPP 项目风险应对措施 [J]. 合作经济与科技, (18): 50-52.

董家友, 杜乐其. 2017. 环保产业 PPP 理论与项目操作实务 [M]. 北京: 法律出版社: 115.

段舒祎. 2018. 水环境综合治理 PPP 项目方案设计创新机制思路探讨 [J]. 中国管理信息化, 21 (23): 121-122.

费朵, 邹家继. 2008. 项目风险识别方法探讨 [J]. 物流科技, (8): 139-141.

高晓月. 2018. 海河流域水生态环境变化及影响分析 [C] //河海大学, 江苏省水利厅. 2018 (第六届) 中国水生态大会论文集. 河海大学, 江苏省水利厅: 北京沃特咨询有限公司: 145-158.

国务院发展研究中心——世界银行 "中国水治理研究" 课题组, 谷树忠, 李维明, 等. 2018. 中国水治理运用 PPP 模式的现状、问题与对策 [J]. 发展研究, (5): 8-11.

洪容. 2016. 池州市主城区水处理 PPP 项目案例研究 [D]. 北京: 清华大学.

侯晓云. 2017. PPP 模式在环境治理领域之法律问题探析 [J]. 法制与社会, (7): 190-191.

胡明明, 陆一奇. 2015. 杭州市水利工程委托运行管理和维修养护现状与建议 [J]. 浙江水利科技, (2): 71-73.

黄丽巧，陈俊钢 . 2018. 水环境治理 PPP 项目的浦城经验［J］. 中国投资，(19)：96-97.
孔德军，刘冬松 . 2002. 建设项目中的风险识别方法［J］. 基建优化，(4)：17-25.
李敬锁，辛德树 . 2018. 水环境治理 PPP 项目的困境及其对策［J］. 中国水利，(1)：15-17.
林松池 . 2017. 温州水环境治理项目 PPP 模式研究［J］. 商业会计，(8)：11-14.
林啸 . 2017. 水环境治理项目在 PPP 模式下的运营绩效考核分析［J］. 低碳世界，(21)：10-11.
刘江帆，薛雄志，张晓丹 . 2017. 民营企业参与流域综合治理 PPP 项目的融资结构设计和政策建议［J］. 建筑经济，38（5）：34-38.
刘韶华 . 2019. PPP 项目风险及应对措施［J］. 科技经济市场，(4)：120-122.
刘小会 . 2019. 水环境综合治理 PPP 项目商业模式可持续性评价研究［D］. 郑州：华北水利水电大学 .
刘晓焕，吕苏榆 . 2017. 绿色城镇化进程中水环境治理 PPP 模式运行问题［J］. 水利经济，35（1）：13-16，39，75.
刘用铨 . 2020. 新基建领域推行 PPP 模式探析——以北京地铁四号线为例［J］. 财会月刊，(13)：145-151.
逯元堂，宋玲玲，高军 . 2016. PPP 模式下黑臭水体治理依效付费机制思路与框架设计［J］. 环境保护，(23)：35-37.
马海顺，梁舰，朱广侠，等 . 2017. 政府与社会资本合作（PPP）模式［M］. 北京：中国建材工业出版社：115-116.
马毅鹏 . 2018. 对做好水利 PPP 项目几个重要问题的思考［J］. 水利发展研究，18（7)：30-33.
毛玮芸，林立宏，李颖霏，等 . 2018. 现阶段我国 PPP 项目风险的特点及对策研究［J］. 中国管理信息化，21（6)：110-114.
孟惊雷，修国义，樊千 . 2018. 不同资产模式下 PPP 项目会计核算之比较［J］. 财会月刊，(03)：85-88.
孟庆军，陈晶，房爱军 . 2017. 完善城市水环境综合治理 PPP 模式的研究［J］. 水利经济，35（5)：28-31，76.
莫吕群，王苗苗，郭霁月，等 . 2016. 环境治理 PPP 项目运作方式分析［J］. 项目管理技术，14（9)：7-12.
齐东东 . 2021. 公共设施 PPP 项目融资的风险识别与评估［J］. 建筑与预算，(9)：59-61.
宋震 . 2019. PPP 项目中财务测算相关问题的研究［J］纳税，13（27)：50-51.
苏阳 . 2017. PPP 法在国外的应用［J］. 法制博览，(22)：229.
孙也淳，孙凤海 . 2012. 工程项目风险特点与防范探究［J］. 沈阳建筑大学学报（社会科学版），14（4)：386-388，397.
唐洁 . 2021. PPP 项目投融资风险及防范策略探讨［J］. 企业改革与管理，(21)：107-108.
万杰 . 2018. 流域水环境综合治理 PPP 模式分析［J］. 低碳世界，(8)：36-37.
汪伦焰，夏晴，李慧敏 . 2019. 基于五元联系数的水环境治理 PPP 项目可持续性评价［J］. 水利经济，37（3)：43-48，86-87.

王寒涛，李庶波 . 2018. 城镇水环境治理国内外实践对比研究［J/OL］. 人民珠江，2018（11）：1-11.
王灏 . 2004. PPP 的定义和分类研究［J］. 都市快轨交通，(5)：23-27.
王建设，董淑珍，王雯雯，等 . 2018. 城区内河水环境治理 PPP 模式应用探讨［J］. 治淮，(6)：52-53.
王永德，江萍，杨柠 . 2017. 水利 PPP 项目盈利模式和长效运行机制的思考［J］. 水利发展研究，17（9）：39-41.
乌日娜 . 2020. PPP 项目绩效评价研究［J］. 计算机产品与流通，2020（03）：280.
吴强，刘汗，高龙 . 2018. 水利投融资平台转型发展典型案例解析——以江西省水利投资集团有限公司为例［J］. 水利发展研究，18（1）：1-3，45.
谢喜丽 . 2010. 项目风险管理发展历程及趋势［J］. 合作经济与科技，(14)：68-69.
徐文学，郑丽云，李晓慧 . 2018. Z 市海绵城市 PPP 项目风险分析与对策研究［J］. 中国集体经济，(29)：19-21.
徐享，李俊奇，冯珂，等 . 2019. 海绵城市 PPP 项目绩效考核体系的优化与提升［J］. 环境工程，(7)：2-7.
徐玉德，张若丹，李化龙 . 2019. 国际视域下 PPP 模式演进的逻辑与经验借鉴［J］. 财会月刊，(13)：134-139.
薛松，龚寻，曹亮，等 . 2016. 国外 PPP 模式应用案例分析与经验交流［C］// 中国水利技术信息中心，东方园林生态股份有限公司 . 2016 第八届全国河湖治理与水生态文明发展论坛论文集 . 中国水利技术信息中心，东方园林生态股份有限公司：中国水利技术信息中心：6-10.
杨柳，张芬芬 . 2013. 基于三标度法的 AHP 法在城市空间发展方向决策中的应用——以四川省开江县为例［J］. 室内设计，(2)：57-63.
姚玉月 . 2021. 公共设施 PPP 项目风险控制难点及对策［J］. 建筑与预算，(8)：5-7.
佚名 . 2018. 英国 PPP 模式的借鉴意义［J］. 浙江经济，(4)：52-53.
游洋 . 2018. PPP 项目的主要风险及应对措施［J］. 管理观察，(14)：167-170.
张洪宾，陈慈，李梦琦 . 2019. 基于三标度层次分析法的驾驶人路径选择模型［J］. 科学技术与工程，(20)：369-374.
张建兵 . 2016. 中国污水治理 PPP 模式的研究［D］. 杭州：浙江工业大学 .
张林森，项桂娥 . 2017. 地方公共基础设施 PPP 模式研究——以池州市污水处理及市政排水设施 PPP 项目为例［J］. 池州学院学报，31（5）：35-38.
张璐晶 . 2016. 各方对洱海水环境治理 PPP 项目的评价［J］. 中国经济周刊，(20)：23.
张玉 . 2015. PPP 模式在环保产业中的应用研究［D］. 北京：财政部财政科学研究所 .
赵宝庆 . 2016. 水污染防治项目 PPP 模式研究［D］. 济南：山东财经大学 .
赵珂颉，张义平，池恩安，等 . 2019. 改进 AHP- 模糊综合评价在工程爆破安全评价中的应用［J］. 中国矿业，(8)：161-164.
中国 PPP 产业大讲堂 . 2016. PPP 模式核心要素及操作指南［M］. 北京：经济日报出版社：110-116.
中华人民共和国国家发展和改革委员会 . 2014-12-02. 国家发展改革委关于开展政府和社会资

本合作的指导意见（发改投资（2014）2724 号）[EB/OL]. http://www. ndre. gov. cn/gzdt/201412/t20141204_ 651014. html [2014-12-02].
周好甲. 2016. PPP 发展的国际经验 [J]. 中国金融，(4)：79-81.
朱明涛. 2019. 国际 PPP 模式运作经验对我国发展 PPP 项目的启示 [J]. 现代食品，(12)：35-38.
Ameyaw E E, Chan A P C. 2015. Risk ranking and analysis in PPP water supply infrastructure projects [J]. Facilities, 33 (7/8): 428-453.
Ameyaw E E, Chan A P. 2013. Identifying public - private partnership (PPP) risks in managing water supply projects in Ghana [J]. Journal of Facilities Management, 11 (2): 152-182.
An X W, Li H M, Wang L Y, et al. 2018. Compensation mechanism for urban water environment treatment PPP project in China [J]. Journal of Cleaner Production, 201: 246-253.
Chiu T, Bosher C. 2005. Risk Sharing in Various Public Private Partnership. (PPP) Arrangements for the Provision of Water and Wastewater Services [C]. Conference on Public private Partnerships-Opportunities and Challenges.
Choi J H, Chung J, Lee D J. 2010. Risk perception analysis: Participation in China's water PPP market [J]. International Journal of Project Management, 28 (6): 580-592.
Feng K, Wang S. 2019. Application of PPP model in water pollution environmental governance [J]. Ekoloji, 28 (108): 699-703.
House S. 2016. Responsive regulation for water PPP: Balancing commitment and adaptability in the face of uncertainty [J]. Policy and society, 35 (2): 179-191.
Howard W, Ji H. 2021. Analysis of Nanjing River Treatment Based on PPP [J]. Journal of Student Research, 10 (3).
Hu Q. 2020. Study on the key factors of the sustainable development of environmental protection PPP projects in China [C]. IOP Conference Series: Earth and Environmental Science: 012014.
Lee S. 2010. Development of public private partnership (PPP) projects in the Chinese water sector [J]. Water Resources Management, 24 (9): 1925-1945.
Li H M, Wang F Q, Lv L L, et al. 2022. Evolutionary game analysis of government supervision and private sector ecological technology innovation behavior for water environment treatment PPP projects on the basis of public participation [J]. Canadian Journal of Civil Engineering, 49 (1): 41-51.
Li H M, Lv L L, Zuo J, et al. 2020. Dynamic Reputation Incentive Mechanism for Urban Water Environment Treatment PPP Projects [J]. Journal of Construction Engineering and Management, 146 (8): 14.
Li H, Lu L, Wang L. 2019. Sustainability evaluation of water environment governance PPP projects based on interval intuitionistic fuzzy set [J]. Water-saving irrigation, 3: 59-66, 70.
Li J, Zou P X. 2011. Fuzzy AHP-based risk assessment methodology for PPP projects [J]. Journal of Construction Engineering and Management, 137 (12): 1205-1209.
Ling M, Du Y. 2020. Research on the Realization of Risk Sharing of Changing Market Demands in PPP Projects of Sewage Treatment [C]. IOP Conference Series: Materials Science and

Engineering: 052011.

Liu Q, Liao Z, Guo Q, et al. 2019. Effects of short-term uncertainties on the revenue estimation of PPP sewage treatment projects [J] . Water, 11 (6): 1203.

Lv J, Lin M, Zhou W. 2021. Fluctuation in construction costs and its effect on contract renegotiation behavior in PPP wastewater treatment projects: An evolutionary game analysis [J] . Journal of Cleaner Production, 314: 128025.

Ma Y, Meng Q, Liu Y. 2016. Problems and Countermeasures about Social Capital's Participating in Water Pollution Control PPP Project [J] . Open Journal of Social Sciences, 4 (8): 91-95.

Rong Z, Yalong J. 2018. The Evaluation of PPP mode of environmental pollution prevention and control based on the view of the perspective of sustainable development [C] . IOP Conference Series: Earth and Environmental Science: 012003.

Shrestha A, Chan T K, Aibinu A A, et al. 2017. Efficient risk transfer in PPP wastewater treatment projects [J] . Utilities Policy, 48: 132-140.

Turolla F A, Anker T, Faria R M. 2004. Infrastructure Services in Brazil: The Role of Public-Private Partnership in the Water & Sewerage Sector [J] . https: //ssrn. com/abstract=616241 [2022-08-15] .

Wang L, Li W, Li H, et al. 2019. Public satisfaction evaluation of PPP project in water environment treatment [J] . Water Saving Irrigation, (2): 80-85.

Wu S, Yang Y. 2016. Analysis and review of key factors at PPP project renegotiation [C] . 2016 International Conference on Education, Management and Computer Science: 799-803.

Xu Y, Yang Y, Chan A P, et al. 2011. Identification and allocation of risks associated with PPP water projects in China [J] . International Journal of Strategic Property Management, 15 (3): 275-294.

Xu Y, Yeung J F, Jiang S. 2014. Determining appropriate government guarantees for concession contract: Lessons learned from 10 PPP projects in China [J] . International Journal of Strategic Property Management, 18 (4): 356-367.

Xue T, Guo H. 2020. The Development of PPP in Environmental Protection in the New Stage, Annual Report on The Development of PPP in China, Singapore: Springer, 157-172.

Yin J, Bai X, Yuan M. 2019. Construction and application of risk assessment system for environmental PPP projects [C] . IOP Conference Series: Earth and Environmental Science: 052005.

Yinghui J, Zhipeng C U I. 2021. Risk factorsfor PPP projects of water environment treatment based on fuzzy-DEMATEL method [J] . Journal of Economics of Water Resources, 39 (3): 62-68.

Zhang Y, He N, Li Y, et al. 2021. Risk Assessment of Water Environment Treatment PPP Projects Based on a Cloud Model [J] . Discrete Dynamics in Nature and Society, 7027990.